Vente du 14 au 19 Février 1898

(HOTEL DROUOT)

CATALOGUE

DE LA

BIBLIOTHÈQUE

DE FEU

M. ALFRED PIAT

ANCIEN NOTAIRE A PARIS

DEUXIÈME PARTIE

LIVRES ILLUSTRÉS DU XIXe SIÈCLE
RÉIMPRESSIONS MODERNES D'AUTEURS ANCIENS
ROMANTIQUES ET AUTEURS CONTEMPORAINS
EXEMPLAIRES ORNÉS DE DESSINS ET D'AQUARELLES

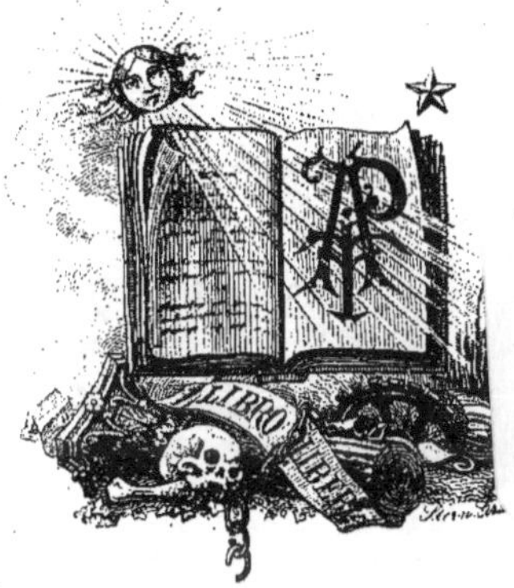

PARIS

CHARLES PORQUET
LIBRAIRE
QUAI VOLTAIRE, 1

ÉM. PAUL ET FILS ET GUILLEMIN
LIBRAIRES
28, RUE DES BONS ENFANTS, 28

1898

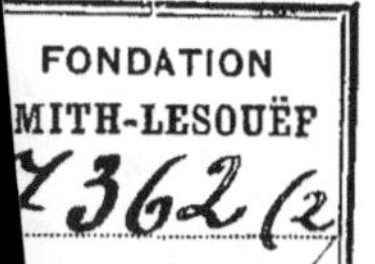

CATALOGUE

DE LA

BIBLIOTHÈQUE

DE FEU

M. ALFRED PIAT

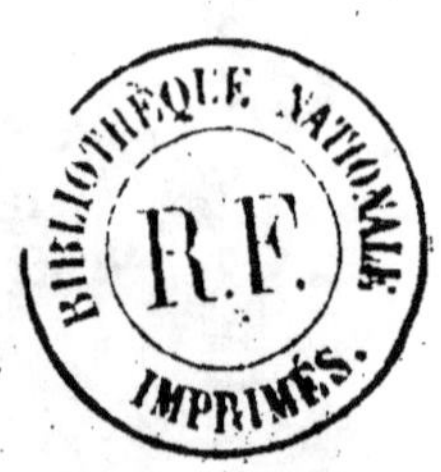

LA VENTE AURA LIEU

Du Lundi 14 au Samedi 19 Février 1898

A DEUX HEURES PRÉCISES DU SOIR

A L'HOTEL DES COMMISSAIRES-PRISEURS, RUE DROUOT, 9

SALLE N° 8

PAR LE MINISTÈRE DE :

M° Paul **CHEVALLIER** COMMISSAIRE-PRISEUR 10, Rue Grange-Batelière, 10	M° Édouard **BARTAUMIEUX** COMMISSAIRE-PRISEUR 334, Rue Saint-Honoré, 334

ASSISTÉS DE :

M. Charles **PORQUET** LIBRAIRE 1, Quai Voltaire, 1	MM. Ém. **PAUL** et Fils et **GUILLEMIN** LIBRAIRES 28, Rue des Bons-Enfants, 28

Exposition publique le Dimanche 13 Février 1898
à l'Hôtel des Commissaires-Priseurs, salle n° 8.

DE 1 HEURE 1/2 A 5 HEURES 1/2 DU SOIR

CONDITIONS DE LA VENTE

La vente se fait au comptant.

Les acquéreurs payeront 5 p. 100 en sus des enchères.

Il y aura exposition chaque jour de vente, de 1 à 2 heures.

Les livres devront être collationnés dans les vingt-quatre heures de l'adjudication. Passé ce délai, ou une fois sortis de la salle de vente, ils ne seront repris pour aucune cause.

Les Libraires chargés de la vente rempliront les commissions des personnes qui ne pourraient y assister.

CATALOGUE

DE LA

BIBLIOTHÈQUE

DE FEU

M. ALFRED PIAT

ANCIEN NOTAIRE A PARIS

DEUXIÈME PARTIE

LIVRES ILLUSTRES DU XIXe SIÈCLE
RÉIMPRESSIONS MODERNES D'AUTEURS ANCIENS
ROMANTIQUES ET AUTEURS CONTEMPORAINS
EXEMPLAIRES ORNÉS DE DESSINS ET D'AQUARELLES

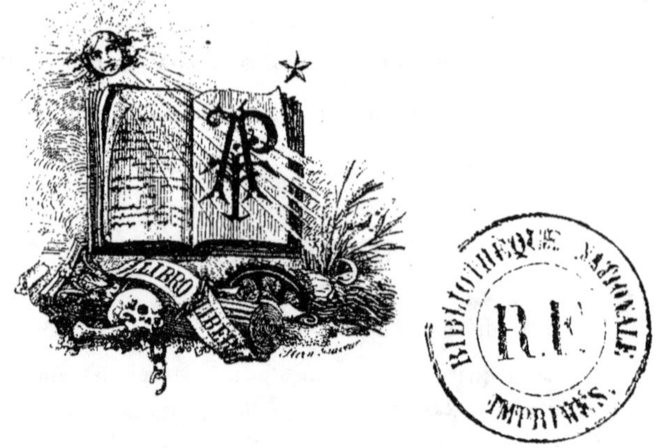

PARIS

CHARLES PORQUET
LIBRAIRE
1, QUAI VOLTAIRE, 1

ÉM. PAUL ET FILS ET GUILLEMIN
LIBRAIRES
28, RUE DES BONS-ENFANTS, 28

1898

ORDRE DES VACATIONS

PREMIÈRE VACATION. — *Lundi 14 février 1898.*

	Numéros.
Réimpressions modernes	1030 à 1050
— *Perrault. Contes du temps passé.* — *Curmer*, 1843, gr. in-8, mar. vert. (Premier tirage)	1031
Réimpressions modernes	911 à 943
— *Vivant Denon. Point de lendemain.* — In-8, mar. orange doublé de mar. r. (*Lortic*). Manuscrit orné de douze aquarelles .	944
Réimpressions modernes	945 à 1008
— *La Fontaine. Fables.* — *Paris, Jouaust*, 1873, 2 vol. gr. in-8, fig. br. (Édition dite des *Douze Peintres*.) — Exemplaire sur papier Whatman, orné de cinquante-neuf dessins de Van Muyden. .	1009
Réimpressions modernes.	1010 à 1028
— *Les Mille et Une Nuits.* — *Paris*, 1840, 3 vol. gr. in-8, mar. r. — Précieux exemplaire du premier tirage avec deux cent soixante dessins originaux.	1029

DEUXIÈME VACATION. — *Mardi 15 février 1898.*

Romantiques. — Auteurs contemporains.	1450 à 1503
— *Musset. Œuvres complètes.* — *Paris, Charpentier*, 1866, 10 vol. fig. de Bida. — Exemplaire sur grand papier de Hollande.	1504
Romantiques. — Auteurs contemporains.	1505 à 1520
— *Journal de l'expédition des Portes de fer.* — *Paris*, 1844, gr. in-8, mar. r. . . .	1521

	Numéros.
ROMANTIQUES. — AUTEURS CONTEMPORAINS.	1522 à 1577
—	1299 à 1300
— *Théophile Gautier. Mademoiselle de Maupin. — Paris, Conquet*, 1883, 3 vol. gr. in-8, fig. mar. La Vall. — Exemplaire sur JAPON, avec les *figures refusées* et DEUX AQUARELLES	1301
ROMANTIQUES. — AUTEURS CONTEMPORAINS.	1302 à 1306
— *Théophile Gautier. Une Nuit de Cléopâtre. — Paris, Ferroud*, 1894, gr. in-8, fig. br. — Exemplaire sur WHATMAN avec les EAUX-FORTES PURES et les VINGT-DEUX DESSINS ORIGINAUX de PAUL AVRIL .	1307
ROMANTIQUES. — AUTEURS CONTEMPORAINS.	1308
— *Théophile Gautier. L'Eldorado, ou Fortunio. — Paris, Amis des Livres*, 1880, gr. in-8, pl. mar. bleu. — Exemplaire orné de TRENTE-CINQ DESSINS ORIGINAUX de PAUL AVRIL.	1298

TROISIÈME VACATION. — *Mercredi 16 février 1898.*

ROMANTIQUES. — AUTEURS CONTEMPORAINS	1309 à 1363
— *Victor Hugo. Les Orientales. — Paris, Amis des Livres*, 1882, in-4, pl. mar. r. — Exemplaire sur JAPON avec les EAUX-FORTES.	1364
ROMANTIQUES. — AUTEURS CONTEMPORAINS	1365 à 1369
— *Victor Hugo. Le Roi s'amuse. — Paris*, 1883, in-4, mar. r. doublé de mar. bleu. — Exemplaire UNIQUE SUR PEAU DE VÉLIN avec TRENTE ET UN DESSINS ORIGINAUX .	1370
ROMANTIQUES. — AUTEURS CONTEMPORAINS.	1371 à 1398
—	1400 à 1445
— *Maupassant* : *Contes choisis* publiés pour les *Bibliophiles contemporains*; 10 plaquettes. — QUINZE DESSINS ORIGINAUX de VAN MUYDEN, pour le *Loup*. — VINGT ET UN DESSINS ORIGINAUX de GUELDRY, pour *Mouche*. — Etc	1446 à 1449

Numéros.

— *Lamartine. Harmonies sacrées.* — In-4, mar. violet. — MANUSCRIT AUTOGRAPHE. 1399

QUATRIÈME VACATION. — *Jeudi 17 février 1898.*

DIVERS. — SUPPLÉMENT. . . . . 1718 à 1732

ROMANTIQUES. — AUTEURS CONTEMPORAINS. . . . . 1599 à 1619

— *Ouvrages d'Octave Uzanne*, avec divers états des figures, *tirages à part*, DESSINS ORIGINAUX, etc . . . . 1620 à 1643

ROMANTIQUES. — AUTEURS CONTEMPORAINS. . . . . 1644 à 1656

— *A. de Vigny. La Maréchale d'Ancre.* — In-fol. — MANUSCRIT AUTOGRAPHE . . . 1657

ROMANTIQUES. — AUTEURS CONTEMPORAINS. . . . . 1658 à 1680

DIVERS. — SUPPLÉMENT. . . . . 1681 à 1706

— *Heures d'Anne de Bretagne.* — *Paris, Curmer*, 1841, 2 vol. in-4°, mar. r. armes en mosaïque 1707

DIVERS. — SUPPLÉMENT . . . . 1708 à 1716

— *Silhouettes et Portraits, par d'Aubigné et Léon Curmer.* — *Paris*, 1863, in-16, mar. r. doublé de mar. vert. — CHARMANT MANUSCRIT orné de SOIXANTE JOLIS AQUARELLES de MEISSONIER, Tony JOHANNOT, ROGIER, FLAMENG, PAUQUET, etc. . 1717

CINQUIÈME VACATION. — *Vendredi 18 février 1898.*

ROMANTIQUES. — AUTEURS CONTEMPORAINS. . . . . 1172 à 1253

— *Monsieur le Hulan et les trois couleurs, conte de Noël, par Paul Déroulède.* — Gr. in-4. — Suite de SEIZE AQUARELLES ORIGINALES de KAUFFMANN, dont une INÉDITE. . 1254

ROMANTIQUES. — AUTEURS CONTEMPORAINS. . . . . 1255 à 1297

— . . . . 1158 à 1165

— *Chansons de Béranger.* — Éditions diverses avec figures et AQUARELLES ajoutées. . . . . 1167 à 1171

— *Béranger. Chansons diverses.* 1834 à 1847. — Pet. in-4, mar. r. — PRÉCIEUX MANUSCRIT AUTOGRAPHE. 1166

SIXIÈME VACATION.—*Samedi 19 février 1898.*

	Numéros.
Romantiques. — Auteurs contemporains.	1578 à 1598
— *Les Contes drolatiques de Balzac. Paris*, 1855, 2 vol. in-8, fig. de Doré, mar. r. — Premier tirage avec cinquante-neuf dessins originaux a l'aquarelle par Doré, Coindre et Sta.	1148
Romantiques. — Auteurs contemporains	1149 à 1157
Réimpressions modernes	1052 à 1054
— *Petits conteurs du XVIIIe siècle. — Paris, Quantin*, 1878-1882, 12 vol. in-8, portr. et fig. — Précieux exemplaire avec un grand nombre de pièces ajoutées et trente dessins originaux de Paul Avril, Géry-Bichard et Milius..	1055
Réimpressions modernes	1056 à 1094
— *Bernardin de Saint-Pierre. Paul et Virginie. — Paris, Curmer*, 1838, gr. in-8, mar. r. — Exemplaire sur papier de Chine	1095
Réimpressions modernes.	1096 à 1128
Romantiques. — Auteurs contemporains.	1129 à 1145
— *Balzac. Memento pour les Contes drolatiques.* 4 vol. mar. r. — Documents autographes de la plus haute importance.	1147
— *Balzac. Les Contes drolatiques;* 2 vol. in-4, mar. r. mosaïqué. — Précieux manuscrit autographe des *deux premiers dizains.*	1146

CATALOGUE

DE LA

BIBLIOTHÈQUE

DE FEU

M. ALFRED PIAT

Ancien notaire à Paris

DEUXIÈME PARTIE

RÉIMPRESSIONS MODERNES

D'AUTEURS ANCIENS

911. Alione (d'Asti). Poésies françoises, composées de 1494 à 1520; publiées pour la première fois en France avec une notice biographique et bibliographique, par J.-C. Brunet. *Paris, Silvestre*, 1836, in-8, car. goth., mar. vert, dos orné, fil. non rog.

Tiré à petit nombre.

912. ANACREON. Odes. Edition polyglotte, publiée sous la direction de J.-B. Monfalcon. *Paris, Crozet, Didot, etc.*, 1835, très gr. in-8 à 2 col. mar. bleu, dos orné, encadr. de 6 fil. sur les plats, comp. dorés, doublé et gardes de moire blanche, large encadr. int. de mar. bleu avec jolis comp. non rog. dans un étui. (*Simier.*)

Bonne édition en six langues.

Un des deux exemplaires tirés sur PEAU DE VÉLIN, pour M. Monfalcon, qui y a ajouté :

1° 52 figures d'après Girodet;

2° 4 figures gravées par Girardet, d'après Girodet et Bouillon, en épreuves avant la lettre;

3° 2 figures représentant Sapho, épreuves AVANT LA LETTRE sur CHINE ;

4° Une magnifique rose PEINTE EN COULEUR pour cet *Anacréon*, par THIERRIAT, professeur à l'École des Beaux-Arts;

5° Une autre rose DESSINÉE A LA PLUME par Vandael;

6° Le fac-similé d'un manuscrit d'Anacréon.

Jolie reliure de Simier.

913. ANACRÉON. Odes avec LIV compositions par Girodet. Traduction d'Amb. Firmin-Didot. *Paris, Firmin-Didot*, 1864, pet. in-12, texte encadré d'un fil. r. fig. en photogr. mar. r. dos orné, fil. à froid, milieu à fers azurés, dent. int. tr. dor.

914. — et SAPHO. Poésies. Traduction en vers de M. de La Roche-Aymon. Illustrations de P. Avril. *Paris, Quantin*, 1882, in-32, pap. vélin, texte encadré, et vign. coloriées, mar. r. dos orné, fil. doublé de mar. vert, large dent. gardes de moire verte, tr. dor.

De la *Petite Collection antique*.

Jolie reliure.

915. APULÉE. L'Ane d'or, ou la Métamorphose. Traduction de Savalète. Préface de J. Andrieux, avec nombreuses gravures dessinées par A. Racinet, P. Bénard. *Paris, Firmin-Didot*, 1868, gr. in-8, texte encadré, fig. et vign. mar. bleu, dos orné, fil. dent. int. tr. dor. (*Smeers*.)

Exemplaire sur PAPIER VÉLIN FORT, avec les pp. 38, 43 et 74 non *cartonnées*.

Éraflure sur le dos de la reliure.

916. — L'Ane d'or, ou la Métamorphose. Traduction de Savalète, préface de J. Andrieux, avec nombreuses gravures dessinées par A. Racinet, P. Bénard. *Paris, Firmin-Didot*, 1872, gr. in-8, texte encadré et fig. br.

Les pp. 38, 43 et 74 sont non *cartonnées*.

917. — L'Ane d'or. Eaux-fortes de P. Avril. *Paris, Arnould, s. d.* (1887), in-16, pl. br. couverture.

Jolie édition tirée seulement à 210 exemplaires.

Un des 10 numérotés sur GRAND PAPIER IMPÉRIAL DU JAPON (n° 8), avec les eaux-fortes en triple état AVANT TOUTE LETTRE, *avec remarques :* en noir sur vélin et sur Japon et en sanguine sur Hollande.

On y a ajouté : 1° L'EAU-FORTE PURE de la première figure; 2° les DEUX DESSINS ORIGINAUX au lavis de PAUL AVRIL des illustrations de ce volume.

918. AUCASSIN et Nicolette, chantefable du douzième siècle, traduite par A. Bida. Revision du texte original et préface par Gaston Paris. *Paris*, *Hachette*, 1878, pet. in-4, texte encadré d'un fil. r. pl. gr. à l'eau-forte par Bida, vélin blanc à recouvr. titre calligraphié en or et couleur sur le dos, non rog. (*Pierson.*)

Exemplaire numéroté sur GRAND PAPIER WHATMAN avec les eaux-fortes AVANT LA LETTRE.

919. — AUCASSIN ET NICOLETTE... traduite par A. Bida. *Paris*, *Hachette*, 1878, in-8, tiré in-4, texte encadré d'un fil. r. pl. gr. à l'eau-forte, par Bida, mar. olive jans. doublé et gardes de satin broché or et couleur, encadrement de 7 fil. à l'int. tr. dor. (*Marius Michel.*)

Bel exemplaire sur GRAND PAPIER DU JAPON, imprimé pour M. Edmond HÉDOUIN, avec les eaux-fortes AVANT LA LETTRE.

920. BERNARD. ŒUVRES; ornées d'une gravure. *Paris*, *Jannet et Cotelle*, 1823, in-8, fig. mar. bleu, dos orné, fil. dent. int. tr. dor. (*Chambolle-Duru.*)

Exemplaire sur GRAND PAPIER VÉLIN avec la jolie figure de Prudhon, gravée par Roger AVANT LA LETTRE.

On y a ajouté 5 portraits différents de Gentil-Bernard, presque tous AVANT LA LETTRE, la collection des gravures au trait de Prudhon pour l'*Art d'aimer*, et 50 figures de Desenne, Devéria, Eisen, Girodet, Marillier, Moreau, Prudhon, etc., en épreuves AVANT LA LETTRE et spécialement réunies par M. SIEURIN pour ce bel exemplaire.

Parmi les plus rares, nous pouvons citer les pièces suivantes de Prudhon : 1° La figure pour l'*Aminta*, gravée par Roger, AVANT LA LETTRE; 2° celle pour le *Daphnis et Chloé* de Renouard, gravée par le même, AVANT LA LETTRE; 3° la *Scène de la Grotte*, épreuve AVANT TOUTE LETTRE; 4° *Zéphire*, en double état : AVANT LA LETTRE sur blanc et AVANT TOUTE LETTRE SUR CHINE, etc.

M. Piat a en outre ajouté à cet exemplaire qui provient en dernier lieu de la bibliothèque GÉNARD, 3 EAUX-FORTES de Blanchard, Girodet et Desenne et un beau DESSIN ORIGINAL à la sépia de FRILLEY.

921. BEROALDE DE VERVILLE. Le Moyen de parvenir; œuvre contenant la raison de ce qui a été, est et sera... publié avec un commentaire historique et philologique accompagné de notices littéraires, par Paul L. Jacob. (P. Lacroix). *Paris, Techener*, 1841, 2 vol. in-12, papier vergé, v. f. dos orné, fil. chiffre sur les plats, tr. dor. (*Niedrée.*)

922. Béroalde de Verville. Le Moyen de parvenir; œuvre contenant la raison de ce qui a esté, est et sera avec démonstrations certaines selon la rencontre des effects de vertu. Nouvelle édition... avec notes, variantes, index, glossaire et notice bibliographique, par un Bibliophile campagnard. *Paris, Willem*, 1870-72, 2 vol. in-8, portr. et vignettes gravées sur bois, mar. citron, dos orné, fil. et comp. dent. int. tr. dor. (*Cuzin.*)

Édition tirée à petit nombre et non mise dans le commerce. Exemplaire sur papier de Chine.

923. Boileau. Œuvres, avec commentaires, revus, corrigés et augmentés par M. Viollet-le-Duc. Edition elzevirienne. *Paris, Brissot-Thivars*, 1828, 4 vol. pet. in-12, mar. vert, dos orné, fil. dent. int. tr. dor. (*E. Niedrée.*)

Bel exemplaire sur papier fin.

924. — Œuvres poétiques, avec des notices par M. Poujoulat. Eaux-fortes par V. Foulquier. *Tours, Mame*, 1870, gr. in-8, portr. et fig. br. couverture.

Exemplaire numéroté sur papier de Hollande.

925. Bossuet. Discours sur l'Histoire Universelle, avec une préface par M. Poujoulat. Gravures à l'eau-forte par V. Foulquier. *Tours, Mame*, 1870, gr. in-8, portr. et fig. br. couverture.

Exemplaire numéroté sur grand papier de Hollande.

926. — Oraison funèbre du Grand Condé. *Paris, Morgand et Fatout*, 1879, gr. in-4, pap. de Holl. portr.-front. pl. et vign. mar. r. jans. dent. int. tr. dor. (*Cuzin.*)

Jolie réimpression ornée de 9 compositions gr. par Didier, d'après Lechevallier-Chevignard.

Bel exemplaire auquel on a ajouté deux suites des figures en épreuves avant la lettre sur Chine et sur Japon.

927. Caylus (Mme de). Souvenirs. Nouvelle édition avec une introduction et des notes par M. Charles Asselineau. *Paris, J. Techener*, 1860, in-8, portr. et fig. mar. citron, dos orné, fil. dent. int. tr. dor. couverture. (*Hardy.*)

Exemplaire sur papier de Hollande avec le portrait et les figures en doubles épreuves avant la lettre : avec et *avant les cadres*.

928. Cazotte (Jacques). Le Diable amoureux avec la préface de Gérard de Nerval. Sept eaux-fortes par Ad. Lalauze. *Paris, Librairie des Bibliophiles*, 1883, in-16 tiré in-8, portr. et pl. br. couverture.

De la *Petite Bibliothèque artistique.*
Un des 10 exemplaires numérotés sur grand papier du Japon (n° 4), avec les eaux-fortes en triple état : avec la lettre, avant la lettre et avant toute lettre avec réclame.

929. Cent cinq rondeaulx damour publiés d'après un manuscrit du commencement du xvie siècle par Edwin Tross. *Paris, Tross*, 1863, in-12, texte encadré de fil. r. fig. mar. vert, dos orné, fil. dent. int. tr. dor.

Un des 20 exemplaires sur papier Whatman, au chiffre de Léon Curmer.

930. Cent (Les Dix Dizaines des) Nouvelles nouvelles, réimprimées par les soins de D. Jouaust, avec notice, notes et glossaire par M. Paul Lacroix. Dessins gravés de Jules Garnier. *Paris, Librairie du Bibliophile*, 1874, 4 vol. in-16, tirés in-8, fig. gr. à l'eau-forte par Lalauze, demi-rel. mar. bleu avec coins, dos orné, fil. tête dor. non rog. couvertures. (*Smeers.*)

De la *Petite Bibliothèque artistique.*
Bel exemplaire numéroté sur grand papier de Hollande avec les figures en double état : gravées à l'eau-forte et en héliogravure.

931. Cervantès. L'Ingénieux Hidalgo Don Quichotte de la Manche, traduit et annoté par Louis Viardot, vignettes de Tony Johannot. *Paris, Dubochet*, 1836-37, 2 vol. gr. in-8, portr. front. et nombr. fig. sur bois, demi-rel. chag. r. avec coins, dos orné, fil. tête dor. ébarbé.

Premier tirage.

932. CHANSON (La) de Roland, ou de Roncevaux, du xiie siècle, publiée pour la première fois d'après le manuscrit de la Bibliothèque Bodléienne à Oxford, par Francisque Michel. *Paris, Silvestre*, 1837, gr. in-8, mar. r. dos orné, fil. doublé de mar. r. dent. non rog. (*Niedrée.*)

Exemplaire unique sur PEAU DE VÉLIN, couvert d'une très riche reliure portant sur les plats le chiffre du marquis de Coislin, répété à l'infini, et ses armes à l'intérieur; il provient en dernier lieu de la bibliothèque Chartener.

933. CHANSONS (Les) et Complaintes de nos Pères, illustrées par Gustave Doré. *Paris*, 1873, in-8, mar. r. dos orné, fil. et comp. à la Du Seuil, dent. int. tr. dor. (*Lortic.*)

BEAU MANUSCRIT SUR VÉLIN fin, orné de DEUX CHARMANTS DESSINS à la plume par GUSTAVE DORÉ. — Il comprend en tout 20 ff. dont une table et 2 titres écrits en or et couleur avec un joli petit fleuron dessiné à la plume; sur le second titre le mot *grivoises* est substitué aux mots *et Complaintes*. Le texte, très bien calligraphié, est encadré de filets; les titres des chansons et toutes les lettres majuscules sont en or ou couleur. Au verso du 8e fol. on lit : *V. B. scripsit, 1872.*

934. CHAPELAIN (Jean). De la Lecture des vieux Romans, publié pour la première fois, avec des notes par Alphonse Feillet. *Paris*, *Aubry*, 1870, in-8, mar. grenat jans. dent. int. non rog. (*Masson-Debonnelle.*)

Un des 7 exemplaires sur PARCHEMIN.

935. CLEF (La) d'amour, poème publié d'après un manuscrit du XIVe siècle par Edwin Tross, avec une introduction et des remarques par M. H. Michelant. *Paris*, *Tross*, 1866, in-8, texte encadré d'un fil. r. chag. bleu, dos orné, fil. dent. int. tr. dor.

Très jolie édition tirée à petit nombre.

Un des 16 exemplaires sur PAPIER VÉLIN; chiffre de M. CURMER sur le premier plat de la reliure.

936. COCHON (Le) mitré, dialogue. *Paris*, *Panckoucke*, 1850, in-12 de 23 pp. pap. de Holl. vign. sur le titre, mar. vert, dos orné, fil. dent. int. tr. dor. (*Duru.*)

Réimpression faite à 110 exemplaires, par les soins de M. J. Chenu, de ce violent pamphlet dirigé contre Le Tellier, archevêque de Reims.

937. COLARDEAU. Œuvres choisies. Nouvelle édition. *Paris*, *Janet et Cotelle*, 1825, in-8, figure, demi-rel. mar. r. avec coins, dos orné, non rog. (*Hering et Muller.*)

Bel exemplaire NON ROGNÉ, sur GRAND PAPIER VÉLIN, avec la figure de Desenne en triple état : avec la lettre, avant la lettre et EAU-FORTE.

On y a ajouté : 1° 7 figures de Monnet, dont 6 remontées. — 2° 2 figures de Devéria, AVANT LA LETTRE, accompagnées des DEUX DESSINS ORIGINAUX à la sépia. — 3° 1 figure in-32 de Desenne, AVANT LA LETTRE, sur CHINE. — 4° 10 figures diverses par Eisen, Devéria, Gigoux, etc. dont 6 AVANT LA LETTRE et une EAU-FORTE. — 5° 5 portraits de Colardeau (avec et AVANT LA LETTRE), Louis XV (AVANT LA LETTRE), le Dauphin et Héloïse (AVANT LA LETTRE). — 6° Enfin l'acte de cession au libraire Duchesne de la tragédie de *Caliste*, ÉCRIT EN ENTIER ET SIGNÉ PAR COLARDEAU.

938. CONTES ET NOUVELLES EN VERS, par Voltaire, Vergier, Sénécé, Perrault, Moncrif et le P. Ducerceau. *Rouen, Lemonnyer*, 1878-79, 2 vol. in-16, portr. en médaillon sur les titres, fig. mar. orange, dos orné et mosaïqué de mar. bleu, fil. fleurettes mosaïquées aux angles, dent. int. tr. dor. non rog. (*Chambolle-Duru.*)

Un des 5 exemplaires sur PEAU DE VÉLIN, de format in-8.

939. CORNEILLE. Théâtre choisi, avec une notice par M. Poujoulat. Vingt-cinq sujets et un portrait gravés à l'eau-forte, par V. Foulquier. Compositions de Barrias et de V. Foulquier. *Tours*, *Mame*, 1880, gr. in-8, portr. et fig. br. couverture.

Exemplaire numéroté sur PAPIER DE HOLLANDE.

940. CORNEMENT (Le) des Cornars pour recreer les esperiz ecornifistibulez... *S. l. n. d.*, pet. in-4, goth. de 4 ff. mar. bleu, dos orné, fil. milieu de feuillage, dent. int. non rog. (*Masson-Debonnelle.*)

Reproduction en lithographie publiée en 1831, par Jouy, et décorée d'initiales peintes, de jolies vignettes et de bordures semblables à celles que l'on voit dans les Heures de Simon Vostre. Elle a été tirée seulement à trente exemplaires numérotés.

Un des cinq exemplaires sur PEAU DE VÉLIN (n° 5), provenant de la bibliothèque CHARTENER.

941. CORROZET (G.). Les Blasons domestiques. Nouvelle édition, publiée par la Société des Bibliophiles françois. *Paris, chez les Libraires de la Société,* 1865, in-32 carré, fig. sur bois, mar. vert, dos et milieu dor. avec mosaïque de mar. rouge, fil. dent. int. tête dor. non rog.

Jolie réimpression tirée à très petit nombre.

Un des 30 exemplaires sur PAPIER DE HOLLANDE.

942. DÉBAT (Le) de deux demoyselles, l'une nommée la Noyre et l'autre la Tannée, suivi de la vie de Saint-Harenc, et d'autres poésies du XVe siècle, avec des notes et un glos-

saire. *Paris, Firmin-Didot,* 1825, in-8, mar. brun, dos orné, fil. dent. int. tr. dor. (*Niedrée.*)

Exemplaire sur GRAND PAPIER VÉLIN provenant de la bibliothèque de M. CHARTENER.

943. DE FOÊ (Daniel de). LA VIE ET LES AVENTURES de Robinson Crusoë; traduction revue et corrigée sur la belle édition donnée par Stockdale en 1790... *Paris, Verdière, s. d.* 3 vol. in-8, pap. vélin, fig. demi-rel. mar. violet avec coins, tête dor. non rog.

Belle édition ornée de trois titres gravés avec fleurons, du portrait de l'auteur gravé par Delvaux, de 18 figures d'après Stothard et Duvivier et d'une carte géographique.

Exemplaire contenant les figures avec et AVANT LA LETTRE, auquel on a ajouté :

1° 7 gravures d'une autre suite de Stothard, avec encadrement.

2° 13 figures de Bernard Picard, plus une figure double de la même suite à l'état d'EAU-FORTE.

3° 8 figures gravées par Godin.

4° La suite des titres gravés avec vignettes, des frontispices et des figures d'une édition publiée par Eymery en 1813, 28 sujets en tout (par Monnet?) en épreuves sur CHINE.

5° Les DESSINS ORIGINAUX de la suite précédente.

6° 14 DESSINS ORIGINAUX à la sépia, dont quatre sont signés *Dubouloz.*

7° La suite de 2 vignettes et 4 figures par Devéria, épreuves sur CHINE AVANT LA LETTRE.

8° La suite de 16 figures de Gavarni.

9° La suite du frontispice et des 40 figures de Grandville, épreuves sur CHINE.

10° La suite des 8 figures de Fesquet, épreuves sur CHINE, AVANT LA LETTRE.

11° 12 figures diverses, par Ransonnette, Marillier, Prevost, etc. dont quelques EAUX-FORTES.

En tout environ 220 pièces.

944. DENON (Vivant). POINT DE LENDEMAIN... In-8, mar. orange, dos orné, fil. et comp. à petits fers, doublé de mar. r. large et riche dent. tr. dor. (*Lortic.*)

MANUSCRIT de 99 pp. bien exécuté et orné de DOUZE DESSINS en couleur de Chauvet, dont un frontispice rehaussé d'or, d'un en-tête, d'un cul-de-lampe et d'un écusson couleur et or contenant la mention suivante : *Écrit et dessiné par J.-A. Chauvet,* 1871. — *Les dessins sont originaux.*

Ce manuscrit est une copie, sous un autre titre, du conte *Point de lendemain* de Vivant Denon, avec *certains passages très amplifiés.*

945. DENON (Vivant). Point de lendemain, conte (par Vivant Denon), illustré de 13 compositions de Paul Avril. *Paris, Rouquette*, 1889, in-8, portr. et fig. grav. à l'eau-forte, br. couverture illustrée.

Un des 15 exemplaires numérotés sur PAPIER DE HOLLANDE (n° 36) avec la planche du portrait en trois états et le tirage à part des illustrations du texte en deux états : AVANT LA LETTRE et EAUX-FORTES PURES. On y a joint un DESSIN ORIGINAL à la plume de PAUL AVRIL, premier essai de l'illustration de la couverture, laquelle n'est pas reproduite dans le texte.

946. DESFORGES-MAILLARD. Poésies diverses avec une notice bio-bibliographique, par Honoré Bonhomme. *Paris, Quantin*, 1880, in-8, portr. fig. et fac-similé, mar. orange, dos orné et mosaïqué de mar. bleu, large dent. à petits fers sur les plats et dent. int. tête dor. non rog. couverture. (*Courmont*.)

De la Collection des *Petits poètes du XVIIIe siècle*.

Un des 50 exemplaires sur PAPIER DE CHINE avec le portrait et le fleuron à l'eau-forte en double état : noir et sanguine.

947. DESMARETS (le R. P.). Histoire de Madeleine Bavent, religieuse du Monastère de Saint-Louis de Louviers. Réimpression textuelle sur l'édition rarissime de 1652, précédée d'une notice bio-bibliographique et suivie de plusieurs pièces supplémentaires; ornée d'un frontispice et d'une vue de l'ancien couvent de Saint-Louis gravés à l'eau-forte. *Rouen, Lemonnyer*, 1878, in-8, front. et pl. mar. vert foncé jans. dent. int. tête dor. non rog. (*Petit-Simier*.)

Un des deux exemplaires sur PEAU DE VÉLIN (n° 1), avec les eaux-fortes en triple état AVANT LA LETTRE : noir, bistre et sanguine.

948. DIDEROT. JACQUES LE FATALISTE ET SON MAÎTRE. Douze dessins de Maurice Leloir gravés à l'eau-forte par Courtry, de Los Rios, Mongin, Teyssonnières. *Paris, imprimé pour les Amis des livres, par G. Chamerot*, 1884, gr. in-8, portr. fig. et pl. br. couverture.

Édition tirée à 138 exemplaires sur PAPIER DU JAPON non mis dans le commerce, contenant le portrait et les gravures en double état : AVANT LA LETTRE et EAUX-FORTES.

Exemplaire n° 78 au nom de M. BADILLÉ.

949. DIDEROT. Le Neveu de Rameau, satire revue sur les textes originaux et annotée par Maurice Tourneux. Portrait et illustrations par F. A. Milius. *Paris, Rouquette*, 1884, in-8, portr. et pl. gr. à l'eau-forte, br.

Exemplaire sur GRAND PAPIER DE HOLLANDE, avec les figures en double état : avec et AVANT LA LETTRE.

950. — Le Neveu de Rameau... Portrait et illustrations par F. A. Milius. *Paris, Rouquette*, 1884, in-8, portr. et pl. gr. à l'eau-forte, br.

Exemplaire sur PAPIER DU JAPON, avec le portrait et les figures en double état : avec et AVANT LA LETTRE.

951. DOCUMENTS sur les mœurs du XVIIIe siècle, publiés par Octave Uzanne, avec préface et index. *Paris, Quantin*, 1880-1883, 3 vol. gr. in-8, pap. de Hollande, front. gr. à l'eau-forte, mar. brun, genre bradel, chiffre, non rog. couvertures.

Anecdotes sur la Comtesse du Barry. — La Gazette de Cythère. — Mœurs secrètes du XVIIIe siècle.

952. DORAT. Les Baisers, précédés du Mois de Mai. Réimpression textuelle sur l'édition originale de 1770, avec les gravures d'Eisen. *Rouen, Lemonnyer*, 1880, gr. in-8, titre, fig. vign. et culs-de-lampe gr. en feuilles, dans un carton.

Un des 50 exemplaires numérotés sur GRAND PAPIER DE CHINE avec le titre, la figure, les vignettes et les culs-de-lampe en triple état : noir, bistre et sanguine.

953. DU FOUILLOUX (Jacques). La Vénerie, précédée de quelques notes biographiques et d'une notice bibliographique. *Angers, Labossé*, 1844, gr. in-8, fig. sur bois, chag. r. dos orné, fil. et comp. de dent. sur les plats, dent. int. tr. dor.

Édition rare, la seule qui reproduise fidèlement celle de Le Mangnier de 1585.

Curieuse reliure aux armes et au chiffre de LOUIS-PHILIPPE D'ORLÉANS, COMTE DE PARIS, accompagnés aux angles des chiffres couronnés de ses quatre oncles : LOUIS, FRANÇOIS, HENRI et ANTOINE D'ORLÉANS.

954. DULORENS. Satires, édition de 1646, contenant vingt-six satires, publiée par D. Jouaust et précédée d'une notice

littéraire par E. Villemin. *Paris*, *Jouaust*, 1869, in-16, portr. mar. orange, dos orné, fil. dent. int. non rog. (*Masson-Debonnelle.*)

De la Collection du *Cabinet du Bibliophile.*
Un des deux exemplaires sur PARCHEMIN.

955. Du Noyer (Madame). L'Histoire du sieur abbé-comte de Bucquoy, singulièrement son évasion du For-l'Evêque et de la Bastille, avec préliminaire et appendice biographiques et bibliographiques. *Paris*, *Pincebourde*, 1866, in-16, front. gr. à l'eau-forte, mar. olive, dos orné à petits fers, fil. dent. int. tr. dor. (*Belz-Niedrée.*)

De la *Bibliothèque originale.*
Un des deux exemplaires sur PEAU DE VÉLIN, avec le frontispice en trois états : noir, bistre et sanguine.

956. Épinay (Madame d'). L'Amitié de deux jolies femmes, suivie de Un Rêve de Mademoiselle Clairon, publiés par Maurice Tourneux. Eau-forte par Ad. Lalauze. *Paris*, *Librairie des Bibliophiles*, 1885, in-16, pap. de Hollande, front. cart. artistique de soie brochée d'or et semée de fleurs, ébarbé, couverture. (*Durvand-Thivet.*)

957. Erasme. Éloge de la Folie, traduit par Victor Develay et accompagné des dessins de Hans Holbein. *Paris*, *Librairie des Bibliophiles*, 1872, in-8, fig. sur bois, mar. La Vall. dos orné, fil. dent. int. tr. dor. (*Hardy.*)

Un des 30 exemplaires sur grand papier de Chine.
Exemplaire aux armes du Baron de Gaujal et tiré à son nom.

958. Étrennes aux raffinés. Les Bons contes, trois cents leçons de Lampsaque. *Bruxelles*, *Kistemaeckers*, 1882, in-8, pap. vergé, texte encadré, front. gr. mar. r. jans. dent. int. tête dor. non rog. (*Pougetoux.*)

Réimpression de l'édition de 1760, tirée à très petit nombre.

959. Fables inédites des xiie, xiiie et xive siècles, et Fables de La Fontaine rapprochées de celles de tous les auteurs qui avaient, avant lui, traité les mêmes sujets, précédées d'une notice sur les fabulistes, par A.-C.-M. Robert. *Pa-*

ris, Étienne Cabin, 1825, 2 vol. in-8, portr. fig. et fac-similés, mar. r. jans. dent. int. tr. dor. (*Duru.*)

Exemplaire sur PAPIER VÉLIN avec le portrait de La Fontaine AVANT LA LETTRE et les quatre-vingt-dix figures *avec la lettre blanche;* il provient de la bibliothèque CHARTENER.

960. FAIL (Noël du). Contes et discours d'Eutrapel, réimprimés par les soins de D. Jouaust, avec une notice, des notes et un glossaire, par C. Hippeau. *Paris, Librairie des Bibliophiles*, 1875, 2 tomes en 1 vol. in-8, mar. olive jans. dent. int. tr. dor. (*Marius Michel.*)

Un des 22 exemplaires sur PAPIER DE CHINE (n° 1).

961. FARCE (La) des Quiolards, tirée d'un proverbe normand, avec introduction et dix eaux-fortes, par Jules Adeline. *Rouen, Augé*, 1881, in-4, pl. gr. mar. brun genre bradel, chiffre, non rog.

Bel ouvrage tiré à 125 exemplaires.
Un des 20 sur GRAND PAPIER DE HOLLANDE, avec les eaux-fortes en double état : en noir sur papier vergé et en bistre sur WHATMAN.

962. FAUQUES (Mlle de). L'histoire de Madame la Marquise de Pompadour; réimprimée d'après l'édition originale de 1759 avec une notice sur le livre et son auteur. *Paris, Moniteur du Bibliophile*, 1879, in-4, pap. de Hollande, portr. à la sanguine, cart. bradel artistique recouvert de satin r. broché or, doublé et gardes de tabis r. et or, non rog. couverture. (*Durvand-Thivet.*)

963. FÉNELON. Aventures de Télémaque, suivies des aventures d'Aristonoüs. Deux notices par M. Poujoulat, quatorze gravures à l'eau-forte par V. Foulquier. *Tours, Mame*, 1873, gr. in-8, pap. vélin, front. et vign. à l'eau-forte, mar. r. dos orné, fil. dent. int. tr. dor.

964. FLEUR (La) des Chansons amoureuses, où sont compris tous les airs de court, recueillis aux cabinets des plus rares poètes de ce temps. *Bruxelles, Mertens*, 1866, in-16, mar. bleu, dos orné, milieu dor. dent. int. tête dor. non rog.

Réimpression de l'édition de Rouen, de Launay, 1600.
Un des deux exemplaires sur PEAU DE VÉLIN.

965. Fleur (la) de poésie françoyse, recueil joyeulx contenant plusieurs huictains, dixains, quatrains, chansons et autres dictz de diverses matières, mis en nottes musicalles par plusieurs autheurs, et reduictz en ce petit livre. 1543. *On le vend à Paris, en la rue Neufve-Nostre-Dame... par Alain Lotrian, s. d.*, pet. in-8, de 74 pp. mar. r. dent. int. tr. dor.

Réimpression tirée à petit nombre, sortie des presses de Mertens à Bruxelles en 1864 et faisant partie de la collection des *Raretés bibliographiques.*

Exemplaire aux armes de Curmer et portant l'*ex libris* de Moreau-Chaslon.

966. Florian. Fables. Préface par M. Anatole de Montaiglon. Compositions inédites de Moreau, gravées par Martial. *Paris, Rouquette*, 1882, gr. in-16, portr. et vign. mar. r. dos orné, fil. et milieu dor. à petits fers et au pointillé, dent. int. tr. dor. couverture. (*Raparlier.*)

Bel exemplaire numéroté sur grand papier du Japon, avec le portrait en 7 états : avec la lettre, avant la lettre *sans l'encadrement*, avant la lettre avec l'encadrement, en noir, en bistre et EAU-FORTE du cadre.

On y a ajouté les *tirages à part* des figures du texte en 4 états : avant la lettre et EAUX-FORTES en noir et avant la lettre et EAUX-FORTES en bistre.

Ex libris H. Cordier.

967. — Fables, avec une préface par Honoré Bonhomme. Dessins d'Émile Adam gravés à l'eau-forte par Le Rat. *Paris, Librairie des Bibliophiles*, 1886, in-16, portr. et pl. mar. r. jans. dent. int. tête dor. non rog. (*Günther.*)

De la *Petite Bibliothèque artistique.*

Un des 20 exemplaires sur papier Whatman avec le portrait et les figures en double état : avec et avant la lettre.

968. — Œuvres complètes. *Paris, Renouard*, 1820, 16 tomes en 12 vol. in-12, portr. et fig. demi-rel. mar. vert à long grain, non rog.

Bel exemplaire sur grand papier vélin avec les figures de Desenne, Coupé, Johannot, Moreau, etc. en double état : avant la lettre sur Chine volant et EAUX-FORTES.

On y a ajouté : 1° Pour *Don Quichotte*, la charmante suite de Lefebvre, Le Barbier, etc. en épreuves avant la lettre. — 2° Une suite de 63 figures de Quéverdo et 34 EAUX-FORTES de la même suite. — 3° La suite de Flouest pour *Galathée.* — 4° La suite de Quéverdo pour *Estelle*. — 5° La suite de Marillier, Monnet, etc. — 6° La suite de Vignaud. — 7° Différentes figures AVANT LA LETTRE ou à l'état d'EAUX-FORTES. — 8° Plusieurs portraits de Florian, Cervantès, Voltaire, Gessner, etc. en épreuves de choix.

Cet exemplaire unique et renfermant environ 400 figures ou portraits (401 d'après une note manuscrite donnant le détail de toutes les pièces), provient de la bibliothèque de RENOUARD et a été relié depuis.

969. FURETIÈRE. Le Roman Bourgeois. Préface de M. Émile Colombey; eaux-fortes de Dubouchet. *Paris, Quantin*, 1880, in-8, pap. vergé teinté, texte encadré d'un fil. r. portr. et eaux-fortes, mar. grenat, milieu dor. dent. int. tête dor. ébarbé, couverture.

De la *Petite Bibliothèque de luxe.*

970. GAULTIER-GARGUILLE. Le Tracas de la Foire du Pré, facétie normande attribuée à Gaultier-Garguille, commentée par M. Epiphane Sidredoulx (Pr. Blanchemain). *Turin, Gay*, 1869, pet. in-4 de 70 pp. demi-rel. mar. citron avec coins, dos orné, fil. tête dor. non rog. (*Bosquet.*)

Réimpression tirée à 100 exemplaires numérotés (n° 11).

971. GIROFFLIER (Le) aux dames. Ensemble le dit des Sibiles. *Cy finist lespitre de Senecque à Lucille. Imprimé à Paris par Michel Le Noir, s. d.* pet. in-4, goth. fig. sur bois, mar. La Vall. grand milieu en mosaïque de mar. bleu foncé, dent. int. non rog. (*Capé.*)

Reproduction fac-similée faite par Adam Pilinski.
Exemplaire sur PEAU DE VÉLIN.

972. GOETHE. FAUST, TRAGÉDIE, traduite en Français par M. Albert Stapfer, ornée d'un portrait de l'auteur et de 17 dessins composés d'après les principales scènes de l'ouvrage et exécutés sur pierre par M. Eugène Delacroix. *Paris, Motte et Sautelet*, 1828, in-fol. portr. et 17 pl. lith. chag. vert, dos orné, comp. de fil. entrelacés sur les plats et fil. intérieur, tr. dor.

Bel exemplaire du PREMIER TIRAGE, SUR GRAND PAPIER DE HOLLANDE, dans une reliure du temps.

973. — Faust, première partie, préface et traduction de H. Blaze de Bury; onze eaux-fortes de Lalauze, gravures

de Méaulle d'après Wogel et Scott. *Paris, Quantin,* 1880, gr. in-4, pap. de Hollande, portr. fig. et pl. demi-rel. mar. r. jans. avec coins, tête dor. ébarbé. (*Bertrand.*)

974. Goldsmith. Le Vicaire de Wakefield, traduction de Charles Nodier. Quatrième édition, illustrée par Jacques. *Paris, Blanchard,* 1853, 2 tomes en 1 vol. pet. in-8, front. et fig. sur bois, mar. r. dos orné, fil. dent. int. tr. dor. (*Bertrand.*)

On a ajouté les dix planches hors texte, dessinées par Tony Johannot pour l'édition 1838 (et 1844).

975. — Le Vicaire de Wakefield. Traduction nouvelle et complète, par B. H. Gausseron. *Paris, Quantin, s. d.* gr. in-8, fig. en couleur par V. A. Poirson, br. couverture illustrée.

Un des 100 exemplaires sur grand papier du Japon (n° 88).
Le faux titre est orné d'une AQUARELLE ORIGINALE de Poirson.

976. Grand (Le) Alcandre frustré. Réimpression textuelle faite sur l'édition de 1696, avec une notice bibliographique, par P. L. Jacob (P. Lacroix). *Paris, Gay,* 1874, in-12, pap. de Hollande, demi-rel. mar. citron avec coins, dos orné et mosaïqué de mar. r. fil. tête dor. ébarbé. (*Vve Brany.*)

Tiré à petit nombre.

977. Gresset. Ver-Vert, suivi de la Chartreuse, l'Abbaye et autres pièces. *S. l.* (*Paris, Laurent et Deberny*), 1855, in-64, mar. vert, grand milieu doré, dent. int. tr. dor. (*David.*)

Charmande édition imprimée en caractères microscopiques.

978. — Ver-Vert, ou les Voyages du perroquet de la Visitation de Nevers, poème héroï-comique en quatre chants. Nouvelle édition publiée par Georges d'Heylli, eaux-fortes de MM. Guillaumot père et fils. *Paris, Rouquette,* 1877, gr. in-8, portr. et vign. et culs-de-lampe, br.

Un des 30 exemplaires sur papier de Chine (n° 18).

979. Grimarest. La Vie de M. de Molière, par J. L. Le Gallois, sieur de Grimarest, avec une notice par A. P. Malassis, et une figure dessinée et gravée à l'eau-forte par

Ad. Lalauze. *Paris, Liseux,* 1877, pet. in-12, front. mar. grenat jans. dent. int. tr. dor. (*Fock.*)

Réimpression de l'édition originale (Paris, 1705) et des pièces annexes.

980. Guichard. Le Sermon de Guichard de Beaulieu (XIIIe siècle), publié pour la première fois d'après le manuscrit unique de la Bibliothèque du Roi. *Paris, Techener,* 1834, in-8 de 32 pp. car. goth. v. f. fil. dor. dos et plats estampés à froid, non rog. (*Simier.*)

Réimpression tirée à 120 exemplaires.

Un des 3 exemplaires sur PEAU DE VÉLIN (n° 3), provenant de la bibliothèque du Roi Louis-Philippe et en dernier lieu de celle de M. Renard.

Jolie reliure, très fraîche, ornée de compartiments dits *à la cathédrale.*

981. Hamilton. Mémoires du chevalier de Grammont, publiés avec une introduction et des notes par M. de Lescure. *Paris, Librairie des Bibliophiles,* 1876, in-8, portr. d'Hamilton, gr. par Lalauze, mar. r. jans. dent. int. tr. dor. couverture. (*David.*)

Un des 15 exemplaires numérotés sur grand papier Whatman, avec le portrait en double état : avec et avant la lettre, aux armes du comte Paul Berthier, officier d'ordonnance du Roi Louis-Philippe.

On y a ajouté 68 portraits anciens et modernes, gravés sur acier ou sur cuivre, dont plusieurs sur Chine ou avant la lettre, des principaux personnages dont il est fait mention dans l'ouvrage.

982. Heures françoises (Les), ou les Vêpres de Sicile, et les Matines de la Saint-Bartelemi. *Suivant l'édition publiée à Amsterdam, chez Antoine Michiels à la Sphère,* 1690, in-12 de 70 pp. pap. de Hollande, mar. r. dos orné, fil. et comp. à la Du Seuil, dent. int. tr. dor. (*Capé.*)

Réimpression faite en 1852, à *Paris, chez Panckoucke* et tirée à petit nombre.

983. Histoire de Gilion de Trasignyes et de Dame Marie sa femme, publiée d'après le manuscrit de la Bibliothèque de l'Université d'Iéna, par O.-L.-B. Wolff. *Paris, Leipzig,* 1839, in-8 à 2 col. mar. bleu, dos orné, fil. dent. int. tr. dor. (*Niedrée.*)

984. HOFFMANN. Contes fantastiques, tirés des frères de Sérapion et des Contes nocturnes. Traduction de Loève-Veimars avec une préface par G. Brunet. Onze eaux-fortes par Ad. Lalauze. *Paris*, *Librairie des Bibliophiles*, 1883, 2 vol. in-16 tirés in-8, portr. et fig. br.

De la *Petite Bibliothèque artistique*.

Exemplaire sur GRAND PAPIER DU JAPON avec les figures en triple épreuve : AVANT LA LETTRE *avec remarque*, AVANT LA LETTRE et avec la lettre.

985. HOLBEIN. Le Triomphe de la mort, gravé d'après les dessins originaux de Jean Holbein par Chrétien de Méchel, graveur à Bâle. *S. l. n. d.* pet. in-8 carré, 48 pl. gr. mar. r. dos orné, fil. entrelacs et comp. dorés, dent. int. tr. dor. (*Bardisser.*)

Réimpression, par Simon Raçon, à Paris, des planches de l'édition de Bâle, 1780 ; elle est accompagnée d'une *Explication des figures*.

986. HOMÈRE. Iliade, traduction nouvelle par Leconte de Lisle. *Paris*, *Lemerre*, 1867, gr. in-8, mar. brun jans. dent. int. non rog. (*R. Petit.*)

Un des 5 exemplaires sur PARCHEMIN, imprimé au nom de M. ÉMILE DACLIN.

987. — Odyssée, hymnes, épigrammes, Batrakhomyomakhie, traduction nouvelle par Leconte de Lisle. *Paris*, *Lemerre*, 1868, gr. in-8, mar. bleu jans. dent. int. tête dor. non rog.

Un des 5 exemplaires sur PARCHEMIN, imprimé au nom de M. ÉMILE DACLIN.

988. HORACE. Quinti Horatii Flacci Opera omnia, recensuit Filon. *Parisiis*, *Sautelet*, 1828, in-64, chag. brun, comp. dorés, doublé de bas. violette, tr. dor.

Édition imprimée avec les caractères microscopiques d'Henri Didot.

989. — Opera, cum novo commentario ad modum Joannis Bond. *Parisiis*, *ex typographia Firminorum Didot*, 1855, in-16, texte encadré d'un fil. r. fig. et vign. en photogr. mar. r. dos orné, fil. et comp. à froid, milieu dor. dent. int. tr. dor. (*Lortic.*)

990. HORACE. Les Œuvres. Odes, satires, épitres, art poétique. Traduction nouvelle par M. Jules Janin. *Paris, Hachette,* 1860, in-12, mar. r. jans. doublé de mar. vert, large dent. int. à l'oiseau, gardes de moire verte, tr. dor. (*Hardy.*)

Exemplaire sur GRAND PAPIER DE HOLLANDE auquel on a ajouté le portrait de Jules Janin et les photographies publiées par Curmer.

ENVOI AUTOGRAPHE de JULES JANIN sur le faux titre :

« *Entre les sages d'ici-bas,*
Homme heureux, je vous donne un livre
Qui vous apprendrait à vivre,
Si vous ne le saviez pas.

A Léon Curmer, par son très grand complice et grand ami.

JULES JANIN, *fait en notre Passy, le* 18 *août* 1860. »

Jolie reliure doublée aux armes de CURMER.

991. — Œuvres, traduction nouvelle par Leconte de Lisle avec le texte latin. *Paris, Lemerre,* 1873, 2 vol. pet. in-12, front. et fig. gr. à l'eau-forte, mar. bleu, dos orné, fil. dent. int. tr. dor. (*Lortic.*)

De la *Petite Bibliothèque littéraire.*

Bel exemplaire auquel on a ajouté la suite de 169 vignettes, portraits et frontispices dessinés et gravés par Chauvet.

992. HURTADO DE MENDOZA. Vie de Lazarille de Tormes. Traduction nouvelle et préface de A. Morel-Fatio; nombreuses illustrations et eaux-fortes de Maurice Leloir. *Paris, Launette,* 1886, in-8, front. pl. et vign. mar. brun, genre bradel, chiffre, tête dor. non rog. couverture illustrée.

993. JEHAN D'ARRAS. Mélusine, Nouvelle édition, conforme à celle de 1478, revue et corrigée avec une préface par M. Ch. Brunet. *Paris, Jannet,* 1854, pet. in-12, mar. brun, dos orné, fil. et comp. à froid, milieu à fers azurés, dent. int. tr. dor.

De la *Bibliothèque Elzevirienne.*

994. JOINVILLE. Credo du sire de Joinville. (Mélanges publiés par la Société des Bibliophiles françois.) *Paris, Firmin-Didot,* 1837, 2 parties en un vol. in-4, fig. sur bois, mar.

vert, dos orné, encadrement de 9 fil. et angles dorés, dent. int. tr. dor. (*Bauzonnet.*)

Ouvrage tiré à très petit nombre reproduisant en fac-similé le texte et les miniatures d'un manuscrit du XIVe siècle.

Très bel exemplaire, un des 30 tirés sur PEAU DE VÉLIN. Celui-ci qui porte le n° 1, tiré au nom du marquis de CHATEAUGIRON, est orné d'un f. de vélin portant ses armoiries peintes en or et couleur. — Jolie reliure de Bauzonnet.

995. JOURNÉE (La), des Madrigaux, suivie de la Gazette de Tendre (avec la carte de Tendre) et du Carnaval des Prétieuses. Introduction et notes par Émile Colombey. *Paris, Aubry*, 1856, pet. in-8, carte, mar. r. dos orné, fil. dent. int. non rog. (*Capé.*)

Du Trésor des pièces rares ou inédites.

Un des 2 exemplaires sur PEAU DE VÉLIN.

996. JOYEUSETEZ (Les), facecies et folastres imaginacions de Caresme prenant, Gauthier Garguille, Guillot Gorju, Roger Bontemps, Turlupin, Tabarin, Arlequin, Moulinet, etc. *Paris, Techener*, 1834, in-16, mar. r. dos orné, fil. comp. et milieu dor. dent. int. tr. dor.

Tome XV de la Collection contenant dix pièces : *Les Estreines universelles de Tabarin; La Querelle; Les Amours de Tabarin et d'Isabelle; Le Procez d'un moulin-à-vent; Les Estrennes admirables; Les Fantaisies et facetics du chappeau de Tabarin; L'Almanach; Les Arrests; La Descente de Tabarin aux Enfers; La Rencontre de Gautier Garguille avec Tabarin en l'autre monde.*

Tiré à 76 exemplaires; un des deux exemplaires (n° 1) sur PAPIER DE CHINE BLEU.

997. LABÉ (Louise). Œuvres de Louize Labé, lionnoise, surnommée la Belle Cordelière. *Brest, Impr. de Michel*, 1815, in-8, pap. vélin, mar. La Vall. dos orné, fil. dent. int. tr. dor. (*Duru.*)

Très bonne édition tirée seulement à 140 exemplaires.

Bel exemplaire auquel on a ajouté un portrait de Louise Labé. lithographié sur CHINE, et CINQ AQUARELLES ORIGINALES représentant des paysages.

998. LA BORDE (De). CHOIX DE CHANSONS, mises en musique, ornées d'estampes en taille-douce. *Rouen, Lemonnyer*, 1881, 4 vol. gr. in-8, portr. et pl. gr. mar. bleu, dos orné, fil. doublé de mar. brun, large dent. int.

de feuillage, arabesques et oiseaux, gardes de moire brune, tête dor. ébarbé.

Réimpression de l'édition de 1773, texte et musique entièrement gravés.

Un des 50 exemplaires numérotés sur GRAND PAPIER DU JAPON (nº 20) avec les figures en triple état : noir, bistre et sanguine.

Très bel exemplaire.

999. LA BROCE. La Complainte et le jeu de Pierre de La Broce, chambellan de Philippe le Hardi, qui fut pendu le 30 Juin 1278, publiés pour la première fois par Achille Jubinal d'après le manuscrit unique de la Bibliothèque du Roi. *Paris, Techener et Silvestre*, 1835, in-8 de 76 pp. mar. bleu, fil. à froid, dent. int. tr. dor.

Tiré à très petit nombre.

Exemplaire sur PAPIER ROSE.

1000. LA FAYETTE (Mad. la Ctesse de). Mémoire de Hollande. Histoire particulière en forme de roman. Quatrième édition, revue sur l'édition originale, par J. P. A. Parison et publiée par A. T. Barbier. *Paris*, *Techener*, 1856, in-16, 2 portr. sur Chine, fac-similé et pl. de musique, v. f. dos orné, fil. dent. int. tr. dor. (*Petit, succr de Simier.*)

1001. LA FIZELIÈRE (Albert de). Rymaille sur les plus célèbres bibliotières de Paris, en 1649, avec des notes, et un essai sur les autres bibliothèques particulières du temps. *Paris*, *Aubry*, 1868, in-8, pap. vergé, mar. olive foncé jans. dent. int. tr. dor. (*Cuzin.*)

Tiré à petit nombre.

Bel exemplaire aux armes du comte de LAGONDIE.

1002. LA FONTAINE. Contes et Nouvelles en vers. *Lyon*, *Scheuring*, 1874-75, 2 vol. in-8, portr. titres-front, vign. et culs-de-lampe gravés à l'eau-forte, br. couverture.

Exemplaire sur PAPIER DE CHINE.

1003. — Contes. Édition illustrée de 180 vignettes dans le texte, par Tony Johannot, C. Boulanger, Roqueplan, Fragonard père, etc., et de nouveaux dessins hors texte par Staal; précédée d'une introduction par Louis Moland.

Paris, *Garnier*, *s. d.* (1880), gr. in-8, nombr. fig. et pl. sur bois, br. couverture illustrée.

PREMIER TIRAGE de cette nouvelle édition.
Un des 55 exemplaires numérotés sur PAPIER DE CHINE (n° 2).
Dos de la couverture, en mauvais état.

1004. LA FONTAINE. Contes avec illustrations de Fragonard. Réimpression de l'édition de *Didot*, 1795, revue et augmentée d'une notice par M. Anatole de Montaiglon. *Paris*, *J. Lemonnyer*, 1883, 2 vol. in-4, en feuilles.

Exemplaire sur PAPIER VERGÉ VAN GELDER avec une suite des 100 gravures en noir dont les 34 reproduites par l'éditeur AVANT LA LETTRE.

1005. — Contes et Nouvelles en vers. *Paris*, *Richard*, 1883, 2 vol. pet. in-8, texte encadré d'un fil. r. portr. et fig. mar. brun, genre Bradel, chiffre, tête dor. non rog. couvertures.

Très belle édition copiée sur celle des *Fermiers généraux* ornée des figures gravées d'après Eisen.
Un des 100 exemplaires numérotés sur PAPIER DU JAPON (n° 29).

1006. — Contes et Nouvelles en vers, ornés d'estampes d'Honoré Fragonard, Monnet, Touzé et Milius, gravées d'après les dessins originaux par Le Rat, Milius, Mongin et R. de Los Rios. Édition revue et précédée d'une notice par Anatole de Montaiglon. *Paris*, *Rouquette*, 1883, 2 tomes en 5 vol. in-8, portr. et pl. gr. à l'eau-forte, br. couvertures.

Un des 100 exemplaires numérotés sur GRAND PAPIER VÉLIN A LA CUVE, avec les figures en double état : avec et AVANT LA LETTRE.

1007. — Fables, avec notes et soixante-quinze figures gravées sur bois. *Paris*, *Crapelet*, 1830, 2 vol. in-32, fig. gr. sur bois par Godard, d'après Constant Viguier, mar. r. dos orné, fil. et comp. à la Du Seuil, dent. int. tr. dor. (*Capé*.)

Bonne édition, revue par Charles Crapelet qui y a ajouté des notes curieuses.

1008. — Fables, publiées par D. Jouaust, avec une introduction par Saint-René Taillandier. Ornées de 12 dessins originaux de Daubigny, Detaille, Gérome, Leloir,

Lévy, Millet... Portrait gravé par Flameng. *Paris*, *Librairie des Bibliophiles*, 1873, 2 vol. gr. in-8, portr. et fig. à l'eau-forte et en héliogr. mar. r. jans. dent. int. tr. dor. (*Gruel.*)

Édition dite des *Douze peintres.*

Bel exemplaire, un des 100 tirés, sur GRAND PAPIER VERGÉ (n° 41), avec le portrait et les figures en double état : avec et AVANT LA LETTRE.

1009. LA FONTAINE. FABLES, ornées de 12 dessins originaux de Bodmer, J.-L. Brown, F. Daubigny, Detaille, Gérome, L. Leloir. Émile Lévy, Millet... *Paris, Librairie des Bibliophiles*, 1873, 2 vol. gr. in-8, portr. et fig. br. couvertures.

Édition dite des *Douze peintres.*

Un des dix exemplaires sur GRAND PAPIER WHATMAN (n° 7), avec le portrait et les figures en double état; avec et AVANT LA LETTRE et illustré de CINQUANTE-NEUF TRÈS BEAUX DESSINS supérieurement exécutés à la plume, au lavis ou à l'aquarelle par EVERT VAN MUYDEN. On trouve à la fin de l'ouvrage l'attestation autographe suivante de l'artiste : *J'ai illustré cette édition des Fables de La Fontaine en deux volumes de cinquante-neuf dessins à la plume, lavis et aquarelles. — Evert van Muyden. — Paris*, le 31 *mai* 1892.

1010. — Fables, notices par M. Poujoulat. Cinquante gravures et un portrait à l'eau-forte, par V. Foulquier. *Tours*, *Mame*, 1875, gr. in-8, portr. et vign. sur Chine, br. couverture.

Exemplaire sur GRAND PAPIER VERGÉ (n° 126).

1011. — Fables, avec une préface par M. Théodore de Banville. Compositions inédites de Moreau, gravées par Milius. *Paris*, *Rouquette*, 1883, 2 vol. in-16, portr. et vign. à l'eau-forte, br. couvertures.

Un des 80 exemplaires numérotés sur PAPIER DU JAPON avec les *tirages à part* en double état, sur JAPON, dans un carton, dont un à l'état d'EAU-FORTE.

1012. — Fables. Compositions inédites de Moreau, gravées par Milius. *Paris*, *Rouquette*, 1883, 2 vol. in-16, portr. et vign. gr. à l'eau-forte, br. couvertures.

Un des 20 exemplaires numérotés sur GRAND PAPIER DU JAPON (n° 10) avec les *tirages à part* en quadruple état sur JAPON de format in-8, dans un carton : en noir, épreuves terminées et EAUX-FORTES et en bistre, épreuves terminées et EAUX-FORTES.

1013. La Fontaine. Sept fables choisies illustrées par Frölich. *Paris, Frölich, s. d.* in-4 de 8 ff. texte encadré, br. couverture illustrée.

1014. La Force (Mlle de). Les Jeux d'esprit, ou la Promenade de la Princesse de Conti à Eu, publiés pour la première fois avec une introduction par M. le Marquis de La Grange. *Paris, Aubry*, 1862, in-8, mar. r. jans. dent. int. non rog. (*Chambolle-Duru.*)

Du *Trésor des pièces rares ou inédites.*
Un des 3 exemplaires sur PEAU DE VÉLIN.

1015. La Saussaye (Charles de). Oraison funèbre, prononcée en l'église cathédrale de S. Croix d'Orléans, aux obsèques et derniers honneurs du très-auguste, très-victorieux et très-chrestien Henry le Grand IIII, Roy de France et de Navarre... le vendredy, 18 juin 1610... *A Lyon, par Lovis Perrin, jouxte la copie imprimée à Paris, chez Rollin Thierry, ruë S. Iaques, au Soleil d'or*, MDCX, 1860, in-8, mar. bleu, dos fleurdelisé, fil. dent. int. tr. dor. (*Capé.*)

Réimpression tirée à 100 exemplaires sur papier vergé.
Bel exemplaire portant sur les plats de la reliure les armes de Henri IV.

1016. Lauzun (le Duc de). Mémoires. Édition complète, précédée d'une étude sur Lauzun et ses mémoires par Georges d'Heylli. *Paris, Rouveyre*, 1880, gr. in-8, front. et vign. gr. à l'eau-forte par de Malval, br. couverture.

Un des 50 exemplaires numérotés sur GRAND PAPIER WHATMAN, avec le frontispice en quadruple état : avec la lettre et AVANT LA LETTRE en noir, bistre et sanguine, et les *tirages à part* des vignettes en bistre et sanguine.

1017. Legouvé. Le Mérite des Femmes, nouvelle édition augmentée de poésies inédites. *Paris, Janet*, 1824, in-18, front. et fig. de Devéria, mar. bleu, dos orné, fil. dent. int. tr. dor. (*Masson-Debonnelle.*)

Bel exemplaire contenant les figures de Devéria en épreuves AVANT LA LETTRE.

1018. Le Sage. Le Diable boiteux, illustré par Tony Johannot, précédé d'une notice sur Le Sage par Jules Janin.

Paris, Bourdin, 1842, gr. in-8, portr. sur Chine et vign. sur bois, mar. bleu, dos orné, fil. dent. int. tr. dor. non rog. (*Chambolle-Duru.*)

Exemplaire sur PAPIER DE CHINE.

1019. LE SAGE. Turcaret. Cinq dessins de Valton, gravés par Gaujean. *Paris, Quantin, s. d.* in-12, vign. gr. à l'eau-forte, cart. bradel soie jaune avec broderies blanches et or, doublé et gardes de papier bleu et or, non rog. couverture. (*Durvand-Thivet.*)

De la *Petite Bibliothèque de poche.*

1020. LESCUREL (J. de). Chansons. Ballades et Rondeaux publiés pour la première fois, d'après un manuscrit de la Bibliothèque Imperiale, par Anatole de Montaiglon. *Paris, Jannet*, 1855, pet. in-12, mar. brun, dos orné, fil. et comp. à froid, milieu à fers azurés, dent. int. tr. dor.

De la *Bibliothèque Elzevirienne.*

1021. LIBER Vagatorum. Le Livre des gueux. *Strasbourg* (*et Paris, Aubry*), 1862, in-12, pap. de Hollande, fig. sur bois, mar. r. dos orné, fil. et comp. à la Du Seuil, dent. int. tr. dor.

Réimpression à 115 exemplaires numérotés (n° 53), par les soins de M. P. Ristelhuber, de ce curieux ouvrage, sur les mendiants et bohémiens, attribué à Sébastien Brant ou à Murner.

1022. LONGUS. Daphnis et Chloé (traduction de P. L. Courier); gravures de Scott; notices par A. Pons. *Paris, Quantin*, 1878, in-32, pap. vélin, texte encadré et vign. genre étrusque en couleur, mar. bleu jans. dent. int. tête dor. non rog. (*Quinet.*)

De la *Petite Collection antique.*

1023. LOUVET DE COUVRAY. Les Aventures du chevalier de Faublas. Édition illustrée de 300 dessins, par MM. Baron, Français et C. Nanteuil; précédée d'une notice sur l'auteur, par V. Philipon de la Madelaine. *Paris, Mallet*, 1842, 2 vol. gr. in-8, fig. sur bois, demi-rel. mar. r. avec coins dos orné, fil. tête dor. ébarbé.

Bel exemplaire du PREMIER TIRAGE.

1024. Louvet de Couvray. Les Aventures du Chevalier de Faublas. Nouvelle édition ornée de 8 gravures sur acier, d'après les dessins de Marillier, Blanchard, etc. *Bruxelles, Rozez*, 1869, 4 vol. in-8, fig. sur Chine, demi-rel. mar. bleu avec coins, dos orné, fil. tête dor.

Exemplaire sur papier de Hollande.

1025. Marmontel. La Neuvaine de Cythère, notice par M. Charles Monselet, illustrée du portrait de l'auteur et de neuf vignettes dessinées par Fesquet. *Paris, Barraud*, 1879, gr. in-8, portr. et fig. br.

Exemplaire sur papier de Chine.

1026. Mazarinades. L'Orphée grotesque avec le bal rustique en vers burlesques. La parfaite description du coquin du temps métamorphosé en partisan. Les Visages qui se desmonte en la cour espagnolle et italienne, 1649. *Lille, Vanackère*, 1854, in-8 de 41 pp. mar. r. fil. à froid, dent. int. tr. dor. (*Despierres*.)

Exemplaire UNIQUE sur PEAU DE VÉLIN.

1027. Michault. La Dance des Aveugles, composée en vers français par Pierre Michault. Reproduction en facsimilé par Adam Pilinski d'une édition sans date imprimée au seizième siècle par Le Petit Laurens. *Paris, Vve Adolphe Labitte*, 1884, pet. in-4, goth. fig. sur bois, mar. La Vall. dos et plats ornés de comp. mosaïqués de mar. r. et vert, dent. int. non rog. (*Capé*.)

Cette reproduction, dont les planches ont été détruites, a été tirée seulement à 53 exemplaires numérotés.
Un des 3 exemplaires sur PEAU DE VÉLIN.

1028. — Le même ouvrage, même édition, pet. in-4, goth. fig. sur bois, mar. orange, dos orné, fil. dent. int. tête dor. non rog. (*Chambolle-Duru*.)

Exemplaire aux armes du comte Clément de Ris avec sa signature sur un f. de garde, mais sans les faux titres et titre publiés en 1884.

1029. MILLE (Les) ET UNE NUITS, contes arabes, traduits par Galland. Edition illustrée par les meilleurs artistes français et étrangers, revue et corrigée sur l'édition princeps de 1704, augmentée d'une dissertation sur les Mille et une Nuits par M. le Baron Silvestre de Sacy. *Paris, Bourdin, s. d.* (1840). 3 vol. gr. in-8, front. fig. et pl. gr. sur bois, mar. r. jans. dent. int. tr. dor. (*Chambolle-Duru.*)

MAGNIFIQUE ET PRÉCIEUX EXEMPLAIRE du PREMIER TIRAGE sur PAPIER VÉLIN FORT, auquel on a ajouté DEUX CENT SOIXANTE DESSINS ORIGINAUX à la sépia de WATTIER (?) des figures qui ornent ce livre, les seuls, paraît-il, qui aient été conservés. — 165 d'entre eux sont renfermés dans un volume en reliure uniforme, les autres sont fixés sur des ff. de fort bristol.

1030. MILLE (Les) et une Nuits, contes arabes, traduits par Galland, précédés d'une introduction par M. Jules Janin. Illustrations de Gavarni et Wattier. *Paris, Morizot,* 1864, gr. in-8, pl. demi-rel. mar. r. dos orné et mosaïqué de mar. bleu, fil. tête dor. ébarbé.

1031. MILLEVOYE. Œuvres. Édition publiée avec des pièces nouvelles et des variantes par P. L. Jacob (P. Lacroix). 7 eaux-fortes par Ad. Lalauze. *Paris, Quantin,* 1880, 3 vol. in-8, portr. et pl. br. couvertures.

Un des 50 exemplaires sur PAPIER DE CHINE, avec le portrait et les figures en double état : avec la lettre sur Hollande et AVANT LA LETTRE sur CHINE.

1032. MOLIÈRE. Psyché, tragédie-ballet ornée de six planches hors texte et six culs-de-lampe gravés à l'eau-forte par Champollion et publiée sous la direction de M. Em. Bocher. *Paris, Librairie des Bibliophiles,* 1880, gr. in-4, pl. mar. brun genre Bradel, chiffre, tête dor. non rog. couverture.

Un des 20 exemplaires sur PAPIER WHATMAN avec les figures en double état : avec et AVANT LA LETTRE sur CHINE.

1033. — Théâtre collationné minutieusement sur les premières éditions et sur celles des années 1666, 1674 et 1682, orné de vignettes gravées à l'eau-forte d'après les compositions de différents artistes par Frédéric Hillemacher. *Lyon, Scheuring,* 1864-70, 8 vol. in-8, pap. vergé teinté, vign. à l'eau-forte, mar. r. dos orné, fil. dent. int. tr. dor. (*Belz-Niedrée.*)

Bel exemplaire de cette jolie édition. tirée à petit nombre auquel on a ajouté une suite moderne de 3 portraits d'après Mignard. 6 fleurons et 33 figures d'après Moreau, en épreuves AVANT LA LETTRE en triple état : noir, sanguine et bleu.

1034. MOLIÈRE. Théâtre choisi, avec une notice par M. Poujoulat. 50 eaux-fortes par V. Foulquier. *Tours, Mame*, 1878-79, 2 vol. gr. in-8, pap. vélin, portr. et fig. br.

1035. — Théâtre choisi, eaux-fortes par V. Foulquier. *Tours, Mame*, 1878-79, 2 vol. gr. in-8, portr. et vign. demi-rel. mar. olive avec coins, dos orné, fil. tête dor. non rog.

Exemplaire numéroté sur GRAND PAPIER DE HOLLANDE.

1036. — Molière jugé par ses contemporains. Conversation dans une ruelle de Paris sur Molière défunt, par Donneau de Visé (1673). L'Ombre de Molière, par Marcoureau de Brécourt (1674). Vie de Molière en abrégé, par La Grange (1682). M. de Molière, par A. Baillet (1686). Poquelin de Molière, par Ch. Perrault (1697), etc. Avec une notice, par A. P. Malassis et un fac-simile des armoiries de Molière. *Paris, Liseux,* 1877, in-16, pap. de Hollande, front. mar. r. jans. dent. int. tr. dor. (*Petit-Simier.*)

1037. — Les Intrigues de Molière et celles de sa femme, ou la fameuse comédienne, histoire de la Guérin. Réimpression conforme à l'édition sans lieu ni date suivie des variantes, avec préface et notes par Ch.-L. Livet. Nouvelle édition... ornée d'un portrait d'Armande Béjart. *Paris, Liseux*, 1877, in-8, pap. de Hollande, portr. à l'eau-forte par Hanriot, mar. grenat jans. dent. int. tr. dor.

1038. MONTESQUIEU. Le Temple de Gnide, suivi de Céphise et l'Amour et de Arsace et Isménie. Introduction par F. de Marescot. *Paris, Librairie des Bibliophiles*, 1875, in-16, pap. de Hollande, mar. r. dos orné, fil. dent. int. tr. dor. (*Chambolle-Duru.*)

Tiré à petit nombre. De la *Collection des Petits Chefs-d'œuvre.*

1039. — Le Temple de Gnide, suivi de Céphise et l'Amour, avec figures dessinées par Ch. Eisen, gravées par N. Le Mire, reproduites par Gillot. Texte original, avec préface par le Bibliophile Jacob. *Paris, Willem*, 1879-1880, gr.

in-8, titre gr. front. et pl. en feuilles, dans un carton, couverture illustrée.

L'un des 4 exemplaires tirés sur PEAU DE BREBIS (n° 4), avec figures en double état : noir et bistre.

1040. MONTESQUIEU. Le Temple de Gnide, suivi d'Arsace et Isménie. Nouvelle édition avec figures d'Eisen et de Le Barbier gravées par Le Mire. Préface par O. Uzanne. *Rouen, Lemonnyer*, 1881, gr. in-8, front. et fig. en feuilles dans un carton.

Un des 50 exemplaires numérotés sur GRAND PAPIER DU JAPON n° 45), avec quadruple état des figures : noir, bistre, sanguine et bleu.

1041. MOORE (Thomas). L'Épicurien (traduit de l'anglais par Ant. Aug. Renouard père). *Paris, Renouard*, 1827, in-12, mar. grenat à long grain, dos orné, fil. dent. int. tr. dor. (*Bauzonnet-Trautz.*)

Exemplaire tiré sur PAPIER VERT.
Marque de RENOUARD, sur les plats de la reliure.

1042. MORALITÉ de Mundus, Caro, Demonia. — Farce des Deux Savetiers. *Paris, de l'imprimerie de Firmin-Didot*, 1827, pet. in-fol. goth. format d'agenda, fig. sur bois, mar. r. dos et plats ornés de fil. dor. et formant losanges, non rog. (*Niedrée.*)

Un des quatre exemplaires sur PEAU DE VÉLIN, de cette réimpression tirée à petit nombre et publiée par M. Durand de Lançon.

1043. NÉEL (Balthazar). Voyage de Paris à St-Cloud, par mer et par terre, suivi du Retour, par Augustin-Martin Lottin ; avec introduction et douze eaux-fortes par Jules Adeline. *Rouen, Augé*, 1878, in-4, texte encadré, pl. à l'eau-forte, mar. brun, genre bradel, chiffre, non rog.

Un des 45 exemplaires numérotés sur GRAND PAPIER DE HOLLANDE (n° 15) avec les eaux-fortes en double état : avec la lettre sur Hollande et AVANT LA LETTRE sur CHINE, et la série complète des *épreuves oblitérées*.

1044. — Voyage de Paris à Saint-Cloud par mer et retour de Saint-Cloud à Paris par terre, avec une préface et des notes par E. Legrand, aquarelles de Jeanniot, gravées par Gillot. *Paris*, *Lahure*, 1884, in-8, pl. plan et vign. br. couverture illustrée.

Un des 50 exemplaires sur PAPIER DU JAPON (n° 22) avec TIRAGE A PART DU TRAIT et TIRAGE A PART DES AQUARELLES AVANT LA LETTRE, tous deux également sur papier du Japon.

1045. OLIVA (le P. Anello). Histoire du Pérou, traduite de l'espagnol, par H. Ternaux-Compans. *Paris*, *Jannet*, 1857, pet. in-12, mar. brun, dos orné, fil. et comp. à froid, milieu à fers azurés, dent. int. tr. dor.

De la *Bibliothèque Elzévirienne*.

1046. OLIVIER (Jacques). Alphabet de l'imperfection et malice des femmes, reveu, corrigé et augmenté d'un friand dessert et de plusieurs histoires pour les courtisans et partisans de la femme mondaine. *Paris*, *Barraud*, 1876, in-8. pl. et vign. gr. à l'eau-forte, br. couverture illustrée.

Exemplaire sur GRAND PAPIER DE HOLLANDE.

1047. PALLAVICINO (Ferrante). Alcibiade enfant à l'école. Traduit pour la première fois de l'italien. *Amsterdam*, *chez l'ancien P. Marteau* (*Bruxelles*), 1866, in-12, pap. de Hollande, demi-rel. mar. orange avec coins, dos orné et mosaïqué de mar. bleu, fil. tête dor. ébarbé. (*Lemardeley*.)

1048. PARIS au XVIIIe siècle. Les Promenades à la mode, publiées par Maurice Tourneux. Eau-forte par Ad. Lalauze. *Paris*, *Librairie des Bibliophiles*, 1888, in-16, pap. de Hollande, front. cart. recouvert de soie verte brochée d'or, non rog. couverture. (*Durvand-Thivet*.)

De la Collection: *Les Chefs-d'œuvre inconnus*.
Tiré à petit nombre.

1049. PASCAL. Pensées, publiées d'après le texte authentique et le seul vrai plan de l'auteur, avec des notes philosophiques et théologiques et une notice biographique par Victor Rocher. *Tours*, *Mame*, 1873, gr. in-8, portr. gr. à l'eau-forte, mar. La Vall. dos orné, fil. dent. int. tr. dor. (*Chambolle-Duru*.)

Exemplaire sur GRAND PAPIER VERGÉ, portant sur le dos de la reliure le chiffre de M. le comte L. CLÉMENT DE RIS.

1050. Pathelin. La Farce de Maître Pathelin, comédie du Moyen Age arrangée en vers modernes par Georges Gassies Des Brulies, avec seize compositions en taille douce, hors texte, par Boutet de Monvel. *Paris, Delagrave*, *s. d.* in-4, de 53 pp. et pl. br. couverture.

Exemplaire sur papier du Japon.

1051. PERRAULT (Charles). Contes du temps passé, contenant les Fées, le Petit Chaperon-Rouge, Barbe-Bleue, le Chat botté, la Belle au Bois dormant, Cendrillon, le Petit-Poucet, Riquet à la Houppe et Peau-d'Ane, précédés d'une notice littéraire sur Charles Perrault par M. de La Bédollière, illustrés par MM. Pauquet, Marvy, Jeanron, Jacques et Beaucé. Texte gravé par M. Blanchard. *Paris, Curmer*, 1843, gr. in-8, pap. vélin, front. et fig. gr. sur acier, mar. vert, dos orné, fil. joli milieu de feuillage et de fleurs, dent. int. tr. dor. (*Chambolle-Duru.*)

Premier tirage.

Très bel exemplaire auquel on a conservé les deux plats de la couverture illustrée, et auquel on a ajouté le prospectus de cet ouvrage orné d'une grande figure sur bois représentant celle de la couverture.

1052. — Les Contes, dessins par Gustave Doré, préface par P. J. Stahl. *Paris, Hetzel*, 1862, in-fol. front. et pl. gr. sur bois, texte et planches montés sur onglets, mar. La Vall. dos et milieu dor. et mosaïqués de mar. bleu, fil. et comp. à froid, angles dor. dent. int. tr. dor. (*Petit, succr de Simier.*)

1053. Petite Collection antique. *Paris, Quantin*, 1881-87, 3 vol. in-32, pap. vélin, texte encadré, vign. en or et en couleur, br.

Lucien. Dialogues des courtisanes. — Properce. Les Élégies. — Lucius. L'Ane.

1054. Petits conteurs du xviiie siècle, publiés avec notices bio-bibliographiques par Octave Uzanne. *Paris, Quantin*, 1878-1883, 12 vol. in-8, portr. fig. vign. et culs-de-lampe gr. à l'eau-forte et fac-similés, les six premiers volumes en mar. grenat, dos orné, fil. et comp. dor. dent. int. tête dor. ébarbé, couvertures, (*Courmont*), les six autres vol. br.

Un des 20 exemplaires sur papier de Chine.

1055. **PETITS CONTEURS DU XVIIIe SIÈCLE.** *Paris, Quantin*, 1878-1882, 12 vol. in-8, pap. de Holl. portr. fig. en-têtes et culs-de-lampe à l'eau-forte, fac-similés, demi-rel. mar. grenat avec coins, dos orné, fil. tête dor. non rog. couvertures. (*Champs.*)

PRÉCIEUX EXEMPLAIRE, FORMÉ PAR M. OCTAVE UZANNE LUI-MÊME, de cette importante collection, renfermant à chaque volume de nombreuses pièces ajoutées : dessins originaux, états de gravures, tirages à part, affiches et prospectus de publication, couvertures des eaux-fortes, etc. etc.

Nous en donnons la description d'après le catalogue de M. Octave Uzanne, en la résumant :

I. VOISENON. — Couverture en 6 états; frontispice en 3 états dont le DESSIN ORIGINAL de GÉRY-BICHARD; portrait en 5 états; 5 figures en 3, 4 ou 5 états, dont les CINQ DESSINS ORIGINAUX de GÉRY-BICHARD; 34 *tirages à part* de fleurons, culs-de-lampe et lettres ornées.

II. BOUFFLERS. — Frontispice en 3 états; 2 portraits; 5 figures en 2, 3 ou 4 états.

III. CAYLUS. — Frontispice et 5 figures en double état; LETTRE AUTHOGRAPHE de CAYLUS (2 pp. in-4).

IV. CRÉBILLON FILS. — Portrait de Crébillon par Desenne; frontispice et 5 figures en 2, 3, ou 4 états: un DESSIN ORIGINAL à la sanguine par MILIUS; *tirage à part* d'un en-tête et d'un cul-de-lampe.

V. MONCRIF. — Frontispice en 4 états dont le DESSIN ORIGINAL de Paul AVRIL; portrait en 3 états; 5 figures en 3 états, dont les CINQ DESSINS ORIGINAUX au lavis de Paul AVRIL.

VI. LA MORLIÈRE. — Frontispice et 5 figures en double état.

VII. DUCLOS. — Frontispice en triple état; portrait et cul-de-lampe en double état dont un sur PEAU DE VÉLIN; 5 figures en 2, 3 ou 4 états dont un sur JAPON.

VIII. CAZOTTE. — Frontispice et 5 figures en 4, 5 ou 6 états, dont les SIX DESSINS ORIGINAUX de GÉRY-BICHARD.

IX. RESTIF DE LA BRETONNE. — Frontispice, portrait et 5 figures en triple état; *tirage à part* de l'encadrement du portrait; 3 figures anciennes AVANT LA LETTRE ajoutées.

X. BESENVAL. — Frontispice en 5 états dont le DESSIN ORIGINAL de Paul AVRIL; portrait en deux états dont un sur PEAU DE VÉLIN; 5 figures en 2, 5 ou 6 états, dont QUATRE DESSINS ORIGINAUX au lavis de Paul AVRIL.

XI. FROMAGET. — Portrait en 4 états; frontispice et 5 figures en 2 et 3 états dont les SIX DESSINS ORIGINAUX au lavis de Paul AVRIL.

XII. GODARD D'AUCOURT. — Frontispice, portrait et 5 figures en 2 ou 3 états; portraits de Mlle Du Thé ajouté.

Ce bel exemplaire renferme donc TRENTE DESSINS ORIGINAUX de Paul AVRIL, GÉRY-BICHARD et MILIUS et une très grande quantité de pièces intéressantes dont nous n'avons pu citer que les plus importantes.

Ex libris Octave UZANNE.

1056. Petits Poètes du xviiie siècle, publiés avec notices biobibliographiques sous la direction de M. Octave Uzanne. *Paris, Quantin,* 1881-1884, 3 vol. in-8, portr. et vign. gr. à l'eau-forte et sur bois, fac-similés, br. couvertures.

Lattaignant. — Gresset. — Gentil Bernard.

Exemplaires sur papier de Chine (n° 5); avec les figures en double état : noir et sanguine.

1057. Pigault-Lebrun. Le Citateur. *Bruxelles, Gay et Doucé,* 1879, pet. in-8, demi-rel. mar. r. avec coins, dos orné, fil. non rog. couverture. (*Canape-Belz.*)

Édition imprimée en vert et tirée à petit nombre.

Exemplaire orné de CINQUANTE-TROIS DESSINS originaux à la plume, relevés d'aquarelle, par Pierre Morel, exécutés dans les marges et sur le texte.

1058. Piron (Alexis). Poésies choisies et pièces inédites avec une notice bio-bibliographique, par Honoré Bonhomme. *Paris, Quantin,* 1879, in-8, portr. et vign. gr. à l'eau-forte et sur bois, fac-similé, br. couverture.

De la collection des *Petits Poètes du XVIIIe siècle.*

Exemplaire numéroté sur papier Whatman blanc, avec le portrait et le fleuron en double état : noir et sanguine.

1059. — Poésies choisies et pièces inédites. *Paris, Quantin,* 1879, in-8, portr. fig. et fac-similé, mar. orange, dos orné et mosaïque de mar. bleu, large dent. à petits fers sur les plats et dent. int. tête dor. non rog. couverture. (*Cournont.*)

De la collection des *Petits Poètes du XVIIIe siècle.*

Un des 50 exemplaires sur papier de Chine, avec le portrait et le fleuron à l'eau-forte en double état : noir et sanguine.

1060. Poë (Edgar). Histoires extraordinaires et Nouvelles Histoires extraordinaires, traduites par Charles Baudelaire. Édition illustrée de 26 gravures hors texte. *Paris, Quantin,* 1884, 2 vol. gr. in-8, pl. gr. à l'eau-forte et en héliogravure, br. couvertures.

Un des 100 exemplaires sur papier du Japon (n° 64) avec les figures en double état : avec et avant la lettre.

1061. Pompadour (Mme de). Correspondance avec son père, M. Poisson, et son frère, M. de Vandières, publiée pour la première fois par M. A. P. Malassis, suivie de lettres de cette dame à la comtesse de Lutzelbourg à Paris Duverney, au duc d'Aiguillon, etc., et accompagnée de notes et de pièces annexes. *Paris, Bauer,* 1878, in-8, 2 portr. mar. bleu, dos orné, encadr. de feuillage et fleurs sur les plats, dent. int. tr. dor. non rog. couverture. (*Raparlier.*)

Bel exemplaire, un des 12 tirés sur GRAND PAPIER DE CHINE avec les portraits en triple état : avec la lettre, AVANT LA LETTRE et avec le cadre, AVANT LA LETTRE sans le cadre.

Ex libris H. CORDIER.

1062. PRÉVOST (l'abbé). Histoire de Manon Lescaut et du chevalier des Grieux, précédée d'une étude par Arsène Houssaye. Six eaux-fortes par Hédouin. *Paris, Librairie des Bibliophiles,* 1874, 2 vol. in-16, pap. de Hollande, portr. et fig. mar. brun foncé, fil. comp. et milieu à froid, dent. int. tr. dor. (*Ducharne.*)

De la *Petite Bibliothèque artistique.*

1063. — Histoire de Manon Lescaut et du Chevalier Des Grieux (par l'abbé Prévost). Précédée d'une préface par Alexandre Dumas fils. *Paris, Glady frères,* 1875, 1 tome en 2 vol. in-8, portr. et fig. demi-rel. mar. bleu, avec coins, dos orné, fil. tête dor. non rog.

Belle édition accompagnée de variantes et d'une notice par A. de Montaiglon ; ornée d'un portrait de l'abbé Prévost et de 10 figures gravés à l'eau-forte par Léopold Flameng, d'un portrait d'Alexandre Dumas fils gravé à l'eau-forte par Jacquemart, d'un frontispice et d'ornements divers d'Émile Reiber gravés sur bois par Pannemaker.

Un des cinquante exemplaires numérotés sur GRAND PAPIER WHATMAN (n° 20) avec les portraits et les figures en double état, avec et AVANT LA LETTRE, auquel on a joint :

1° Deux portraits anciens, remontés, de l'abbé Prévost, d'après Schmidt, dont un gravé par Ficquet.

2° 5 figures remontées de la suite de Gravelot et Pasquier.

3° La suite des 8 figures de Lefebvre en tirage moderne, épreuves AVANT LA LETTRE.

4° La suite du portrait et des 5 figures gravés à l'eau-forte par Hédouin, publiée par Jouaust, épreuves avec la lettre, AVANT LA LETTRE sur blanc et AVANT LA LETTRE sur CHINE.

5° La suite du portrait et des 8 figures gravés à l'eau-forte par Monziès, publiée par Lemerre, épreuves AVANT LA LETTRE sur WHATMAN.

6° La suite du frontispice, du portrait et des 10 figures gravés à l'eau-forte par Chauvet, épreuves AVANT LA LETTRE SUR CHINE VOLANT.

1064. Prévost (l'abbé). Histoire de Manon Lescaut et du chevalier des Grieux. Préface de Guy de Maupassant. Illustrations de Maurice Leloir. *Paris, Launette*, 1885, gr. in-8, pap. vélin, front. 12 pl. à l'eau-forte, et vign. br. couverture illustrée.

Premier tirage.
On a ajouté à cet exemplaire DIX DESSINS ORIGINAUX de F. Coindre, dont 8 au crayon sur Japon et 2 au lavis.

1065. Prêtre (Le) châtré, ou le Papisme au dernier soupir. *Genève, Gay*, 1868, in-12, vélin blanc à recouvr. fil. tête dor.

Réimpression de l'édition originale et unique de La Haye, 1747, précédée d'une notice bibliographique et historique.
Un des deux exemplaires sur PEAU DE VÉLIN.

1066. Properce. Les Elégies. Traduction en vers de M. de La Roche-Aymon. Dessins de Besnier, gravures de Méaulle. *Paris, Quantin*, 1885, in-32, pap. vélin, texte encadré et vign. teintées, mar. orange, dos orné, 5 fil. sur les plats, doublé de mar. bleu avec ornements de fleurs et de feuillage aux angles, tr. dor.

De la *Petite Collection antique*.
Jolie reliure.

1067. Quinze (Les) Joyes de mariage. *Paris, Techener*, 1837, pet. in-8 carré, mar. r. dos orné fil. dent. int. tr. dor. (*Koehler*.)

Jolie réimpression en caractères gothiques faite sur l'édition de Treperel et ornée de curieuses vignettes sur bois. On y a joint un avant-propos, les variantes d'un manuscrit de Rouen et de l'édition de Le Duchat et un glossaire.
Tiré à très petit nombre.
Un des 2 exemplaires sur papier de Chine provenant de la bibliothèque de M. L. Pasquier.

1068. — Les Quinze joyes de mariage avec des notes et un glossaire par D. Jouaust et une préface de Louis Ulbach. Eaux-fortes par Ad. Lalauze. *Paris, Librairie des Bibliophiles*, 1887, in-16, vign. et culs-de-lampe gr. à l'eau-forte, br. couverture.

De la *Petite Bibliothèque artistique*.
Un des 20 exemplaires numérotés sur papier du Japon, avec les figures avant la lettre.

1069. Rabelais. Les Quatre Livres de maistre François Rabelais, suivis du manuscrit du cinquième livre, publiés par les soins de MM. A. de Montaiglon et Louis Lacour. *Paris, Académie des Bibliophiles*, 1868-1872, 3 vol. in-8, br.

Un des 25 exemplaires sur papier de Chine.

1070. — Œuvres. Édition conforme aux derniers textes revus par l'auteur, avec une notice et un glossaire par Pierre Jannet. Illustrations de A. Robida. *Paris, Librairie illustrée, s. d.* 2 vol. in-4, front. fig. et pl. noires et en couleur, mar. brun genre bradel, têtes de faunes sur le dos et aux angles des plats, non rog. couvertures illustrées.

Un des 100 exemplaires numérotés sur papier de Chine (n° 48).

1071. Racine. Théâtre, orné de vignettes gravées à l'eau-forte sur les dessins d'Ernest Hillemacher, par Frédéric Hillemacher. *Paris, Librairie des Bibliophiles*, 1873-74, 4 vol. in-8, pap. de Hollande, portr. et fig. br.

Édition tirée à petit nombre.

1072. — Théatre, orné de vignettes gravées à l'eau-forte, sur les dessins d'Ernest Hillemacher, par Frédéric Hillemacher. *Paris, Libr. des Bibliophiles* (*D. Jouaust*), 1873-1874, 4 vol. in-8, pap. de Hollande, portr. et fig. mar. bleu, dos orné, fil. dent. int. tête dor. non rog. (*Bosquet.*)

Bel exemplaire de cette jolie édition, auquel on a ajouté :

1° La même suite d'Hillemacher; *tirage à part* sur Chine;

2° La suite de Gravelot, gravée par Duclos, Flipart, Le Mire, Simonet, etc., pour l'édition in-8 de 1768, avec marges;

3° La suite de de Sève, réduite et gravée par Bréant, Fessart, Legrand, etc. pour l'édition en 3 vol. in-12, 1767;

4° La suite des figures de Le Barbier, en épreuves avant la lettre;

5° La jolie suite de Moreau, gravée par de Ghendt, Roger, Simonet et Trière, publiée par Renouard;

6° La suite de Moreau, publiée en 1811 pour l'édition de Ménard, 4 vol. in-8;

7° Les figures de Desenne, Prudhon, Gérard, Girodet, Taunay, publiées par Furne;

8° 30 portraits anciens et modernes de Racine en divers états, répartis en tête de ces quatre volumes.

1073. — Les Œuvres. Texte original avec variantes, notice par Anatole France. *Paris, Lemerre, s. d.* 5 vol. in-16, portr. et fig. gr. à l'eau-forte, mar. bleu, dos orné, fil. et comp. à froid, milieu à fers azurés, dent. int. tr. dor. étui de mar. grenat.

De la *Petite Bibliothèque littéraire.*

1074. RECUEIL (Nouveau) de Contes, Dits, Fabliaux et autres pièces inédites des XIIIe, XIVe et XVe siècles, mis au jour pour la première fois par Achille Jubinal. *Paris, Pannier*, 1839-42, 2 vol. in-8, mar. r. dos orné à la Padeloup, fil. tr. dor. (*Closs.*)

Un des 20 exemplaires sur GRAND PAPIER DE HOLLANDE.

1075. — de Poésies calvinistes (1550-1566), publiées par P. Tarbé. *Reims*, 1866, in-8, pap. vergé, v. f. dos orné, fil. dent. int. tr. dor. (*Petit, succ^{r} de Simier.*)

Recueil de pièces fort curieuses annotées et accompagnées d'une introduction.
Tiré à petit nombre.
Bel exemplaire du comte de TOUSTAIN.

1076. — des plaisants Devis, récités par les supposts du seigneur de la Coquille. *Lyon, Perrin*, 1857, in-8, mar. r. dos orné, fil. et milieu dor. dent. int. tr. dor. (*Chambolle-Duru.*)

Jolie réimpression des huit pièces faite par les soins de M. J.-B. Monfalcon.

1077. — dit de Maurepas. Pièces libres, chansons, épigrammes et autres vers satiriques sur divers personnages des siècles de Louis XIV et Louis XV... *Leyde* (*Bruxelles, J. Gay*), 1865, 6 vol. pet. in-12, pap. de Hollande, mar. r. dos orné, fil. dent. int. tr. dor. étui doublé de peau de chamois.

Bel exemplaire de cette jolie édition tirée seulement à 116 exemplaires.

1078. RÉGENCE (La), portefeuille d'un roué. — Gazette anecdotique du règne de Louis XVI, portefeuille d'un talon-rouge. — Le Directoire, portefeuille d'un incroyable. — *Paris, Rouveyre*, 1880-81. — Ens. 3 vol. in-8, front. et pl. gr. à l'eau-forte, v. r. dos orné, fil. couvertures illustrées.

1079. RÉGNIER (Mathurin). Œuvres, augmentées de 32 pièces inédites, avec des notes et une introduction par

Édouard de Barthélemy. *Paris, Poulet-Malassis*, 1862, in-8, pap. vergé de Hollande, mar. vert, dos orné, milieu dor. sur les plats, dent. int. tr. dor. (*Petit, succr de Simier.*)

1080. Régnier (Mathurin). Œuvres. Texte original avec notice, variantes et glossaire par E. Courbet. *Paris, Lemerre,* 1869, pet. in-12, front. avec portrait gr. à l'eau-forte, mar. grenat, jans. dent. int. tr. dor. (*Allô.*)

De la *Petite bibliothèque littéraire.*

Un des 30 exemplaires sur papier de Chine avec le frontispice avec et avant la lettre.

1081. Restif de la Bretonne. Monument du costume physique et moral de la fin du xviiie siècle, ou Tableaux de la vie, ornés de 26 figures dessinées et gravées par Moreau le Jeune. — Histoire des mœurs et du costume des Français dans le xviiie siècle, ornée de 12 estampes dessinées par Freudeberg. Texte revu et corrigé par M. Charles Brunet. Préface par M. Anatole de Montaiglon. *Paris, Willem,* 1876-1878, 2 vol. in-fol. en feuilles.

Un des 30 exemplaires sur papier de Hollande, avec les planches sur Chine en 2 états : noir et bistre. On y a joint les 26 planches enluminées du *Monument du Costume*, et les grandes photographies du *Bal paré* et du *Concert* d'après Saint-Aubin.

1082. — Histoire des Mœurs et du Costume des Français dans le xviiie siècle. — Monument du costume physique et moral de la fin du xviiie siècle, ou tableaux de la vie. — *Paris, Willem,* 1876-78. — Ens. 2 ouvrages en 1 vol. gr. in-fol. pl. demi-rel. chag. grenat avec coins.

Un des 30 exemplaires numérotés sur papier de Hollande avec les planches sur Chine en double état : noir et bistre.

1083. — Monument du Costume. Les Vingt-quatre estampes dessinées par Moreau le jeune, de 1776 à 1783, pour servir à l'histoire des modes et du costume dans le xviiie siècle, gravées au burin par Dubouchet. *Paris, Conquet,* 1880-1881, gr. in-8, texte et portr. front. et 24 pl. gr. demi-rel. chag. r. dos orné, ébarbé.

Réimpression textuelle, entièrement gravée sur cuivre.

Exemplaire offert par l'éditeur au graveur, M. Dubouchet, avec les estampes tirées en bistre, sur Japon et sur Hollande, en *épreuves d'essai*, la plupart non terminées.

1084. **RESTIF DE LA BRETONNE.** Monument du Costume. Les Vingt-quatre estampes dessinées par Moreau le jeune. —Les Douze estampes dessinées par Freudenberg en 1774. — *Paris, Conquet*, 1880-1883. — Ens. 12 livr. in-4, pl. gr. par Dubouchet, dans un carton perc. grise, fers spéciaux et le texte en feuilles dans 2 cartons perc. bleue.

Réimpression textuelle, entièrement gravée sur cuivre.

Exemplaire avec les planches en double état : EAUX-FORTES PURES en noir sur Japon et en troisième état, épreuves terminées *avec nom à la pointe*, en noir sur Hollande.

Les deux volumes de texte sont sur papier du Japon.

1085. Reynard the Fox, after the german version of Gœthe, by Thomas James Arnold, with illustrations by Joseph Wolf. *London, Nattali and Bond*, 1855, in-8, front. et pl. mar. r. dos orné, fil. dent. int. tr. dor.

1086. Rohan-Soubise. Poésies d'Anne de Rohan-Soubise et lettres d'Éléonore de Rohan-Montbazon, abbesse de Caen et de Malnoue à divers membres de la Société précieuse, publiées pour la première fois, avec notes et introduction. *Paris, Aubry*, 1862, in-8, mar. r. jans. dent. int. non rog. (*Chambolle-Duru.*)

Exemplaire sur PEAU DE VÉLIN.

1087. **ROMAN** de la Violette, ou de Gérard de Nevers, en vers, du XIIIe siècle, par Gibert de Montreuil; publié pour la première fois, d'après deux manuscrits de la Bibliothèque royale, par Francisque Michel. *Paris, Silvestre*, 1834, gr. in-8, fig. mar. r. dos orné, fil. doublé de mar. r. dent. non rog. (*Niedrée.*)

Exemplaire unique sur PEAU DE VÉLIN avec deux suites des figures dont une peinte avec soin et rehaussée d'or à l'imitation des anciennes miniatures.

La reliure très bien exécutée est décorée sur les plats du chiffre du marquis de Coislin, répété à l'infini, avec ses armes à l'intérieur.

Il provient en dernier lieu de la bibliothèque Chartener.

1088. Ronsard, ballade. *Paris, s. d.* (*Évreux, imprimerie de Ch. Hérissey*), in-8 carré, titre, frontispice, 8 ff. de texte, 8 fig. et 1 pl. de musique, demi-rel. mar. citron avec coins, tête dor. non rog. couverture illustrée.

Exemplaire sur papier du Japon.

1089. ROUSSEAU (J.-J.). Les Confessions. Vignettes par MM. T. Johannot, H. Baron, H. Girardet, E. Laville, C. Nanteuil. *Paris, Barbier*, 1846, gr. in-8, front. nombr. fig. sur bois dans le texte et pl. sur Chine, demi-rel. mar. citron avec coins, dos orné, fil. tête dor. ébarbé. (*Hardy-Mennil.*)

Bel exemplaire du PREMIER TIRAGE, auquel on a ajouté : 1° DEUX JOLIES AQUARELLES de BAUDET-BAUDERVAL représentant Madame d'Épinay et la maréchale de Luxembourg. — 2° *Le Masque de J.-J. Rousseau*, eau-forte de Jules de Goncourt. — 3° *Jean-Jacques Rousseau herborisant*, épreuve à l'état d'EAU-FORTE PURE. — 4° 19 portraits dont plusieurs AVANT LA LETTRE. — 5° 15 planches gravées sur acier.

1090. — Les Confessions, avec une préface par Marc-Monnier. Treize eaux-fortes, par Ed. Hédouin. *Paris, Librairie des Bibliophiles*, 1881, 4 vol. in-8, portr. et pl. br. couvertures.

De la *Petite Bibliothèque artistique.*

Un des 10 exemplaires sur PAPIER DU JAPON (n° 3), avec le portrait et les figures en triple état.

Fortes taches d'humidité au tome II.

1091. — Julie, ou la Nouvelle Héloïse. Vignettes par MM. Tony Johannot, E. Wattier, E. Lepoitevin, H. Baron, Karl Girardet, C. Rogier, etc. gravées par M. Brugnot. *Paris, Barbier*, 1845, 2 vol. gr. in-8. portr. et pl. gr. sur bois, tirées sur Chine et vign. sur bois, demi-rel. mar. r. tête dor.

1092. RUTEBEUF. Œuvres complètes de Rutebeuf, trouvère du XIIIe siècle, recueillies et mises au jour pour la première fois par Achille Jubinal. *Paris, Pannier,* 1839, 2 vol gr. in-8, mar. bleu, fil. à fr. dent. int. tr. dor. (*Duru.*)

Un des 20 exemplaires sur GRAND PAPIER DE HOLLANDE, aux armes et au chiffre du Baron PICHON.

1093. SAINT-JUST. Organt, poème en vingt chants, avec la clef. *Au Vatican* (*Bruxelles*), 1867, 2 vol. in-16, pap. fin de Hollande, portr. sur Chine, mar. citron, fil. à froid, dent. int. tête dor. non rog. (*R. Petit.*)

Tiré à petit nombre.

Exemplaire au chiffre de Paul ARNAULDET.

1094. Saint-Pierre (Bernardin de). Paul et Virginie, *Paris, Curmer*, 1838, gr. in-8, front. portr. fig. carte et vignettes gr. sur acier ou sur bois, velours r. fermoirs, coins, ornements et chiffre en cuivre doré, tr. dor.

Exemplaire du premier tirage avec le portrait dit *à la sphère*, le portrait de Mme de La Tour, celui du Docteur par Meissonier et *la bonne femme*. Les planches hors texte sur Chine sont précédées (sauf deux) de la légende sur papier de soie. On trouve sur un papier de garde l'envoi suivant : *Hommage de respectueuse affection, à Mademoiselle Clémentine Le Caron, de la part d'un Croyant...*, 23 *novembre* 1843.

Transposition aux ff. préliminaires.

1095. — PAUL ET VIRGINIE, *Paris, Curmer*, 49, *rue Richelieu*, 1838, gr. in-8, front. portr. et fig. gr. sur acier et sur bois, mar. r. dos orné, fil. et comp. dent. int. ébarbé. (*Cuzin.*)

Exemplaire du premier tirage sur papier de Chine.

Raccommodage au dernier f. de la table; et très léger raccommodage au portrait de Madame de La Tour.

1096. — Paul et Virginie, précédé d'une préface par Jules Janin. *Paris, Jouaust*, 1869, in-8, pap. de Hollande, portr. et pl. demi-rel. mar. violet avec coins, tête dor. non rog.

Bel exemplaire de cette édition tirée à petit nombre, auquel on a ajouté :

1° QUATRE DESSINS ORIGINAUX DE TONY JOHANNOT, très finement exécutés au lavis, représentant : la *Promenade de Paul et Virginie. — Jeux de Paul et Virginie. — Mort de Virginie. — Prière de Paul.*

2° La suite complète avant la lettre des 8 figures de Moreau, Prudhon, Laffite, Vernet, etc.

3° La suite complète (anglaise), avant la lettre sur Chine, des 6 figures de Lingé dont 1 titre et 1 frontispice.

4° La suite complète, avant la lettre sur Chine des 6 figures de Corbould dont 1 portrait et 1 fleuron.

5° La suite complète sur Chine, des 5 figures, de Corbould de l'édition *Lefèvre*.

6° La suite complète, avant la lettre des 5 figures, dont 1 portrait, de Desenne pour l'édition *Janet*.

7° La suite complète, avant toute lettre, sur Chine, des 4 figures et un frontispice gravés par Heath, d'après Desenne.

Plus 17 pièces en noir et en couleur, dont : Le corps de Virginie, par Corbould; le portrait de Saint-Pierre *à la Sphère*, pour l'édition *Curmer;* le portrait de Jules Janin; etc. etc.

1097. SAINT-PIERRE (Bernardin de). Paul et Virginie. Préface par J. Janin. Compositions d'Emile Lévy, gravées à l'eau-forte par Flameng. Dessins de Giacomelli, gravés sur bois par Rouget et Sargent. *Paris, Librairie des Bibliophiles*, 1875, in-12, texte encadré d'un fil. r. fig. et vign. mar. brun, dos orné, fil. dent. int. tête dor. ébarbé. *Pouillet.*)

De la *Collection Bijou.*

Exemplaire auquel on a ajouté : 1° 2 portraits de Bernardin de Saint-Pierre, gr. par Bertonnier et Wedgwood. — 2° 3 figures de Moreau AVANT LA LETTRE et 2 avec la lettre. — 3° 9 figures de Corbould. — 4° 4 eaux-fortes de Foulquier. — 5° 10 figures par Prudhon, Lafitte, Girodet, Isabey, J. Vernet, Desenne et Johannot.

1098. — Paul et Virginie. Préface de J. Claretie, eaux-fortes de F. Regamey, variantes et bibliographie. *Paris, Quantin*, 1878, in-12, portr. et fig. texte encadré d'un fil. r. demi-rel. mar. r. avec coins, fil. tête dor. non rog. couverture.

De la *Petite Bibliothèque de luxe.*

Un des 100 exemplaires tirés sur PAPIER FIN DU JAPON, avec double suite des figures AVANT LA LETTRE.

1099. — PAUL ET VIRGINIE. Illustrations de Maurice Leloir. *Paris, Launette*, 1887, gr. in-8, fig. sur bois et pl. gr. à l'eau-forte, rel. en satin blanc avec fleurs brodées, non rog. dans un emboîtage spécial.

Un des 50 exemplaires numérotés sur GRAND PAPIER DU JAPON avec les eaux-fortes en double état : avec et AVANT LA LETTRE et un *tirage à part* sur JAPON de toutes les gravures sur bois du texte.

1100. SCARRON. Le Roman comique peint par J.-B. Pater et J. Dumont le Romain, réduit d'après les gravures au burin de Surugue père et fils, Benoît Audran, Edme Jeaurat, Lépicié, G. Scotin, par M. Tiburce de Mare et accompagné de notices explicatives par M. Anatole de Montaiglon. *Paris, Rouquette*, 1883, in-4, front. portr. et fig. gr. demi-rel. mar. r. avec coins, tête dor. couverture. (*Champs.*)

Exemplaire sur PAPIER VERGÉ, auquel on a ajouté une épreuve du portrait AVANT LA LETTRE et les TIRAGES A PART des figures.

1101. STERNE (L.). VOYAGE SENTIMENTAL en France et en Italie. Traduction nouvelle et notice de M. Émile Blémont. Illustrations de Maurice Leloir contenant 200 dessins dans le texte et 12 grandes compositions hors texte. *Paris, Launette*, 1884, in-4, fig. et pl. en photogravure, br. couverture illustrée.

On a ajouté à cet exemplaire HUIT AQUARELLES ORIGINALES de F. Coindre sur Japon, relevées de gouache et très finement exécutées.

1102. Straparole. Les Facétieuses nuits du seigneur J. F. Straparole, traduites par J. Louveau et P. de Larivey, publiées avec une préface et des notes par G. Brunet. Quatorze dessins de J. Garnier, gravés à l'eau-forte par Champollion. *Paris, Librairie des Bibliophiles*, 1882, 4 vol. in-8, pl. br. couvertures.

De la *Petite Bibliothèque artistique*.

Un des 10 exemplaires sur papier du Japon (n° 5), avec les figures en triple état.

Fortes taches d'humidité au tome IV.

1103. Swift. Les Quatre voyages du capitaine Lemuel Gulliver (par Swift). Traduction de l'abbé Desfontaines, revue, complétée et précédée d'une notice par H. Reynald. *Paris, Librairie des Bibliophiles*, 1875, 4 vol. in-16, portr. et fig. à l'eau-forte de Lalauze, br. couvertures.

De la *Petite Bibliothèque artistique*.

Un des 15 exemplaires sur papier de Chine avec les figures en 2 états : avec et avant la lettre.

1104. — Voyages de Gulliver. Traduction nouvelle et complète par B. H. Gausseron. Illustrations de V. A. Poirson. *Paris, Quantin, s. d.* gr. in-8, nombr. fig. en couleur, br. couverture illustrée.

1105. Térence. Publius Terentius Afer. *Londini, Pickering*, 1823, in-48, portr. mar. r. jans. tête dor. non rog.

Charmante édition imprimée en très petits caractères.

1106. Testament (Le Nouveau) de Notre Seigneur Jésus-Christ, traduit en françois par Mesenguy. Nouvelle édition, avec une préface par M. Silvestre de Sacy. *Paris, Techener*, 1860, 3 vol. in-12, mar. bleu, fil. à fr. dent. int. tr. dor. (*Lortic.*)

De la *Bibliothèque spirituelle*.

Bel exemplaire sur papier de Hollande, aux armes du comte L. Clément de Ris.

1107. Théatre (Ancien) françois, ou Collection des ouvrages dramatiques les plus remarquables, depuis les mystères jusqu'à Corneille, publié avec des notes et éclaircissements par M. Viollet-le-Duc. *Paris, Jannet,* 1854-57, 10 vol. in-16, mar. brun, dos orné, fil. et comp. à froid, milieu à fers azurés, dent. int. tr. dor.

De la *Bibliothèque Elzevirienne.*
Bel exemplaire.

1108. Théophile. La Tragédie de Pasiphaé, précédée d'une notice sur le sujet de la pièce, et suivie d'un appendice contenant plusieurs poésies du même auteur. *Paris, Gay,* 1862, in-12, mar. grenat jans. dent. int. tête dor. non rog.

Tiré à très petit nombre.
Un des 2 exemplaires sur PEAU DE VÉLIN.

1109. Théocrite. Idylles; traduction nouvelle par Jules Girard. Compositions d'Émile Lévy, gravées à l'eau-forte par Champollion; dessins de Giacomelli, gravés sur bois, par Berveiller. *Paris, Librairie des Bibliophiles,* 1888, in-16, texte encadré d'un fil. r. vign. et culs-de-lampe, br. couverture illustrée.

De la *Collection Bijou.*
Un des 50 exemplaires sur grand papier de Chine (n° 22).

1110. Traicté de la forme et devis comme on faict les Tournois, par Olivier de La Marche, Hardouin de la Jaille, Anthoine de La Sale, etc., mis en ordre par Bernard Prost, enrichi de 16 planches, dont 9 doubles, coloriées au pinceau avec le plus grand soin et rehaussées d'or. *Paris, Barraud,* 1878, gr. in-8, pap. vergé, pl. et facsimilé, mar. brun, genre bradel, chiffre, non rog. couverture.

Tiré à petit nombre.

1111. Trésor (Le) des pièces rares ou inédites, publié par Auguste Aubry. *Paris, Aubry,* 1855-1862, 20 vol. pet. in-8, pap. vergé, v. f. dos orné, fil. dent. int. tr. dor. (*Petit, succ^r de Simier.*)

Tiré à petit nombre. — Collection complète.
Bel exemplaire.

1112. Vadé (J.-J.). La Pipe cassée, poème épitragipoissardihéroïcomique. *Paris*, *Belin*, *s. d.* (1882), in-8 de 55 pp. fig. par Mesplès, mar. brun, genre bradel, chiffre, non rog. couverture illustrée.

Exemplaire sur papier rose auquel on a ajouté le *tirage à part* sur Japon des figures du texte.

1113. — La Pipe cassée. *Paris, Belin*, *s. d.* in-8, front. et vign. par E. Mesplès, mar. r. dos orné, fil. et comp. dent. int. tr. dor. couverture. (*Raparlier.*)

Un des 30 exemplaires sur papier du Japon, auquel on a ajouté le tirage à part du frontispice et des vignettes sur Japon.

1114. — Poésies et lettres facétieuses, avec une notice bio-bibliographique, par Georges Lecocq. *Paris*, *Quantin*, 1879, in-8, portr. fig. et fac-similé, mar. orange, dos orné et mosaïqué de mar. bleu, large dent. à petits fers sur les plats et dent. int. tête dor. non rog. couverture. (*Courmont.*)

De la collection des *Petits poètes du XVIII*e *siècle.*
Un des 50 exemplaires sur papier de Chine, avec le portrait et le fleuron à l'eau-forte en double état : noir et sanguine.

1115. Vargas. Les Aventures de Don Juan de Vargas, racontées par lui-même, traduites de l'espagnol, par Charles Navarin. *Paris, Jannet*, 1853, pet. in-12, mar. brun, dos orné, fil. et comp. à froid, milieu à fers azurés, dent. int. tr. dor.

De la *Bibliothèque Elzevirienne.*
Exemplaire sur papier fin.

1116. Variétés historiques et littéraires. Recueil de pièces volantes rares et curieuses en prose et en vers, revues et annotées, par M. Édouard Fournier. *Paris*, *Jannet*, 1855-1869, 9 vol. pet. in-12, mar. r. fil. à froid. dent. int. tr. dor. (*Capé.*)

De la *Bibliothèque Elzevirienne.*
Billet autographe de M. Édouard Fournier ajouté.

1117. Vigier. De l'Origine et de l'observation des Étrennes. Nouvelle édition, suivie d'une note bibliographique, publiée par Adhemar Sazerac de Forge. *Paris*, *Aubry*,

1863, in-8, mar. r. dos orné à petits fers, fil. dent. int. non rog. (*Capé.*)

Exemplaire sur PEAU DE VÉLIN.

1118. VILLENEUVE-GUIBERT (G. DE). Le Portefeuille de Madame Dupin, dame de Chenonceaux. Lettres et œuvres inédites de Madame Dupin, l'abbé de Saint-Pierre, Voltaire, J.-J. Rousseau, Montesquieu, etc. etc. publié par le Comte Gaston de Villeneuve-Guibert. *Paris, Calmann Lévy*, 1884, in-8, portr. de Mme Dupin d'après Nattier, fac-similés, br. couverture.

Un des 10 exemplaires numérotés sur GRAND PAPIER DU JAPON (n° 7).

1119. VILLON (François). Œuvres complètes, suivies d'un choix de poésies de ses disciples. Édition préparée par La Monnoye, mise au jour, avec notes et glossaire, par M. Pierre Jannet. *Paris, E. Picard*, 1867, in-12, mar. grenat jans. dent. int. tête dor. ébarbé. (*Brany.*)

Exemplaire sur PAPIER VÉLIN FORT, provenant de la bibliothèque du baron de MARESCOT.

1120. VIRGILE. Publii Virgilii Maronis carmina omnia perpetuo commentario ad modum Joannis Bond explicuit Fr. Dubner. *Parisiis, ex typographia Firminorum Didot*, 1858, in-16, texte encadré d'un fil. r. vign. photogr. mar. r. dos orné, fil. et comp. à froid, milieu dor. dent. int. tr. dor. (*Lortic.*)

1121. — Les Bucoliques. Traduction d'André Lefèvre; illustrations d'Auguste Leloir. *Paris, Quantin*, 1881, in-32, texte encadré, vign. teintées, br. couverture.

De la *Petite Collection antique.*
Un des 50 exemplaires sur PAPIER DU JAPON.

1122. VIZÉ (de). Oraison funèbre de Molière (extrait du Mercure galant de 1673), suivie d'un Recueil d'épitaphes et d'épigrammes avec une notice par le bibliophile Jacob. (P. Lacroix). *Paris, Librairie des Bibliophiles,* 1879, pet. in-12, mar. r. dos orné, fil. dent. int. tr. dor. (*Masson-Debonnelle.*)

De la *Nouvelle Collection Moliéresque.*

1123. Voisenon (abbé de). Contes avec une notice bio-bibliographique par Octave Uzanne. *Paris, Quantin*, 1878, in-8, pap. de Hollande, portr. et fig. gr. à l'eau-forte et fac-similé, demi-rel. mar. bleu avec coins, dos orné, fil. tête dor. non rog. couverture. (*Reymann.*)

De la collection des *Petits Conteurs du XVIIIe siècle.*
Exemplaire auquel on a ajouté la suite des 5 eaux-fortes gravées par Géry-Bichard.

1124. Voltaire. Candide, ou l'Optimisme, traduit de l'allemand de M. le docteur Ralph, par M. de V. (Voltaire). *Paris, Delarue, s. d.* in-12, mar. orange, dos orné, fil. et comp. à froid, dent. int. tête dor. non rog. couverture. (*Courmont.*)

Exemplaire sur papier de Chine.

1125. — Lettres et poésies inédites adressées à la Reine de Prusse, à la princesse Ulrique, à la Margrave de Bareuth, publiées d'après les originaux de la Bibliothèque royale de Stockholm, par M. Victor Advielle. *Paris, Librairie des Bibliophiles*, 1872, in-16 de 70 pp. mar. r. dos orné, fil. et comp. dent. int. tête dor. non rog. (*Courmont.*)

De la collection du *Cabinet du Bibliophile.*
Un des 15 exemplaires sur papier de Chine (n° 6).

1126. — La Pucelle d'Orléans, poème en vingt-un chants, suivi de Corisandre. *Paris, Nepveu*, 1824, fort vol. in-16, front. et fig. mar. vert, dos orné, fil. et comp. dor. et à fr. non rog.

Un des 6 exemplaires sur PEAU DE VÉLIN de cette jolie édition tirée seulement à *vingt-six exemplaires.* On y a joint : 1° La suite des vignettes de Duplessi-Bertaux tirées à part sur Chine, et remontées sur vélin; 2° un billet autographe de Voltaire : « Mon cher ange, je reçois la cruelle nouvelle et le cruel discours, je n'ay que le temps de vous supplier de faire passer ce billet à Corbi... je me meurs de douleur et de maladie. Je vous ay déjà mandé qu'on m'a envoyé des lambeaux de cet infâme ouvrâge; il est plus défiguré que l'histoire universelle, que puis-je faire que de me plaindre en vain, et de finir une vie si triste. Ce Grosset n'est point à Genève; c'est un voleur qui en a été chassé. »

1127. — Les Vous et les Tu, épître ornée de lithographies à la plume, par Fraipont. *Paris, imprimé pour les Amis des livres*, 1883, gr. in-8 de 4 ff. pap. vélin, fig. cart. artistique de soie jaune brochée de fleurs en couleur, gardes de papier or et bleu, non rog. couverture. (*Durvand-Thivet.*)

Tiré à 80 exemplaires non mis dans le commerce.
Exemplaire avec les figures tirées à part sur PAPIER DU JAPON.

1128. VOYAGE de La Bouille par mer et par terre. Nouvelle historique, avec introduction et douze eaux-fortes, par Jules Adeline. *Rouen*, *Augé*, 1877, in-4, texte encadré, fig. mar. brun genre bradel, chiffre, non rog. couvertures des fasc. conservées.

Belle édition tirée à petit nombre d'une satire ou facétie anonyme, écrite en style semi-burlesque, publiée au siècle dernier dans la *Bibliothèque bleue*, et dont on ne connaît que quelques très rares exemplaires.

Un des 20 exemplaires numérotés sur GRAND PAPIER DE HOLLANDE (n° 16), monté sur onglets, et renfermant une double suite des eaux-fortes, avec et AVANT LA LETTRE, plus les épreuves oblitérées des 12 planches.

ROMANTIQUES. — AUTEURS CONTEMPORAINS

1129. ABOUT (Edmond). LE NEZ D'UN NOTAIRE. *Paris*, *Calmann Lévy*, 1886, in-16, fig. débroché, couverture.

Exemplaire orné sur les marges de 37 DESSINS de A. SONNIER, dont 32 AQUARELLES.

1130. ACTRICES (Les) de Paris. Portraits de E. de Liphart, texte par MM. Émile Bergerat, J. Claretie, Guy de Maupassant, Francisque Sarcey... *Paris*, *Launette*, 1882, gr. in-8, fig. et 32 portr. gr. sur Chine, mar. brun genre bradel, chiffre, non rog. couverture. (*Pierson.*)

1131. — Le même ouvrage, même édition, gr. in-8, fig. et 32 portr. cart. perc. blanche, non rog. couverture.

Exemplaire numéroté sur GRAND PAPIER VÉLIN avec les vignettes tirées en bistre et les portraits AVANT LA LETTRE, sur Chine, auquel on a ajouté : le prospectus de cet ouvrage, l'affiche illustrée de la publication et les couvertures des 32 livraisons.

1132. Adam (Mme). La Chanson des nouveaux époux. Édition ornée d'un portrait et de dix eaux-fortes. *Paris, Conquet*, 1882, in-4, pap. de Holl. pl. en feuilles dans un carton perc. blanche, fers spéciaux or et couleur.

Envoi autographe de l'auteur à M. Paul Perret à demi effacé.

1133. — Récits d'une Paysanne. Illustrations de G. Fraipont. *Paris, Lemonnyer*, 1885, gr. in-8, nombr. fig. br. couverture illustrée.

Un des 100 exemplaires numérotés sur grand papier du Japon (n° 36) avec le *tirage à part* en bistre, sur Japon, de toutes les vignettes.

1134. Aicard (Jean). La Chanson de l'Enfant. Nouvelle édition, ornée de 128 compositions par T. Lobrichon avec la collaboration de E. Rudaux, gravées sur bois par L. Rousseau. *Paris, Chamerot*, 1884, gr. in-8, pap. vélin, portr. pl. et vign. demi-rel. mar. r. avec coins, tête dor. ébarbé. (*Smeers-Engel.*)

1135. — La Chanson de l'Enfant... *Paris, Chamerot*, 1884, gr. in-8, portr. pl. et vign. sur bois, br. couverture.

Un des 150 exemplaires numérotés sur grand papier impérial du Japon (n° 114), avec une double épreuve des figures et le *tirage à part* sur Japon des vignettes du texte.

1136. — La Chanson de l'Enfant... *Paris, Chamerot*, 1884, gr. in-8, portr. fig. et pl. br. couverture.

Un des 150 exemplaires sur grand papier du Japon avec le portrait de l'auteur en double état : avec et avant la lettre et le *tirage à part* des 128 compositions du texte.
Intéressante lettre autographe de l'auteur ajoutée.

1137. Alexandre (Arsène). Honoré Daumier. L'Homme et l'œuvre. Ouvrage orné d'un portrait à l'eau-forte, de deux héliogravures et de 47 illustrations. *Paris, Laurens*, 1888, gr. in-8, portr. fig. et pl. br. couverture illustrée.

Un des 18 exemplaires numérotés sur grand papier de Hollande (n° 2).

1138. Allut (P.). Étude biographique et bibliographique sur Symphorien Champier, suivie de divers opuscules françois de Symphorien Champier, l'Ordre de chevalerie, le Dialogue de noblesse et les Antiquités de Lyon et de Vienne. *Lyon, Scheuring*, 1859, gr. in-8, pap. de Hollande teinté, portr. et pl. gr. à l'eau-forte, fig. sur bois, mar. La Vall. dos orné, fil. et milieu dor. dent. int. tr. dor. (*Capé.*)

Ouvrage recherché.

1139. ALLUT (P.). Recherches sur la vie et sur les œuvres du P. Claude François Menestrier, suivies d'un Recueil de lettres inédites de ce Père à Guichenon et de quelques autres lettres de divers savans de son temps, inédites aussi (par M. P. Allut). *Lyon, Scheuring*, 1857, gr. in-8, pap. de Hollande teinté, portr. pl. gr. et fac-similés, mar. La Vall. dos orné, fil. et milieu dor. dent. int. tr. dor. (*Capé.*)

Ouvrage recherché.

1140. Annales littéraires et administratives des Bibliophiles Contemporains. Académie des beaux livres, 1889 à 1891 et 1893. *Paris, publié pour MM. les Sociétaires des Bibliophiles Contemporains*, 1891-1894, 4 vol. in-8, portr. et fig. br. couvertures.

On y a ajouté : L'Octave de la Société des Bibliophiles Contemporains. *Athènes, chez Alexandros Koulos, imprimeur de Périclès, 100, Cul de sac du Luc 10008008014* (1894), in-4, de 8 ff. br. — Curieux opuscule tiré à 160 exemplaires sur *papier à chandelle d'Arras* (nº 121, au nom de M. Alfred Piat).

1141. Armengaud. Les Galeries publiques de l'Europe. *Paris, Lahure*, 1857-1866, 3 vol. in-fol. nombr. fig. sur bois, demi-rel. chag. r. fers spéciaux, tr. dor.

Rome. — Gênes, Turin, Milan, Parme, Mantoue, etc. — Florence, Naples, Pompéi.
Premier tirage.

1142. — Les Galeries royales d'Angleterre. Windsor. Buckingham, Osborne. *Paris, Wiesener*, 1866-1867, in-fol. fig. sur bois et nombr. pl. sur acier, demi-rel. chag. r. plats perc. r. et bleue, fers spéciaux, tr. bleue et or, fermoirs.

1143. Arnault (A.-V.). Les Souvenirs et les Regrets du vieil amateur dramatique ou lettres d'un oncle à son neveu sur l'ancien Théâtre Français depuis Bellecour, Lekain, Brizard, Préville, Armand, Auger, Feulie, Paulin... jus qu'à Molé, Larive, Monvel, Fleury, Désessart, Dazincour, Dugazon... (par Antoine-Vincent Arnault). Ouvrage orné de gravures coloriées, représentant en pied, d'après les miniatures originales, faites d'après nature de Foëch de Basle et de Whirsker, ces différents acteurs dans les rôles où ils ont excellé. *Paris, Leclère*, 1861, in-8, pap. de Hollande, 42 pl. gr. et coloriées, mar. vert, dos orné, fil. dent. int. tr. dor.

Ouvrage recherché, orné de jolies estampes en couleur.

A la fin du volume se trouvent 7 figures en couleur représentant des acteurs et des personnages de la comédie italienne.

1144. Audsley (G. A.) et J. L. Bowes. La Céramique japonaise. Édition française publiée sous la direction de M. A. Racinet. Traduction de M. P. Louisy. *Paris, Firmin-Didot*, 1877, in-fol. pl. noires et en chromolithog. demi-rel. chag. vert avec coins, fil. plats de cuir japonais, tête dor. ébarbé.

Exemplaire monté sur onglets.

1145. BALADES dans paris. Au Moulin de la Galette; à l'Hôtel Drouot; sur les Quais ; au Luxembourg. Notes inédites par MM. E. R. (Rodrigues), Paul Eudel, B. H. Gausseron et Adolphe Retté. *Paris, imprimé pour les Bibliophiles Contemporains*, 1894, in-4, fig. et pl. br. couverture illustrée.

Ouvrage tiré à 160 exemplaires, non mis dans le commerce chaque page est ornée d'un encadrement lithographique polychrome d'Alexandre Lunois.

Exemplaire n° 121 tiré au nom de M. Alfred Piat, avec une double suite des planches en noir et en couleur.

1146. BALZAC (H. de). LES CONTES DROLATIQUES. — 2 vol. in-4, mar. r. à grain long, dos et plats ornés de comp. dorés et à fr. et de mosaïques de mar. vert et bleu, chiffre H. L. sur les plats.

PRÉCIEUX MANUSCRIT AUTOGRAPHE des deux *premiers dizains*, couvert de ratures, corrections et renvois. Les deux volumes comprennent en tout environ 200 ff. écrits sur le recto.

1147. — MEMENTO POUR LES CENT CONTES DROLATIQUES, 1 vol. in-4, mar. r. à grain long, dos et plats ornés de comp. dorés, à fr. et en mosaïque de mar. vert et bleu, titre sur le prem. plat, tr. dor. — Pièces diverses relatives aux Contes drôlatiques, nombreux ff. volants placés dans 3 chemises in-4, en mar. r. souple à grain long, comp. à fr. chiffre L. H. en or, doublées de satin crême. — Ens. 4 vol.

DOCUMENTS AUTOGRAPHES de la plus haute importance pour l'histoire des *Contes drôlatiques.*

On sait que Balzac avait formé le dessein, en commençant son livre, d'écrire cent Contes divisés en dizains et qu'il n'en composa que 30, c'est-à-dire 3 dizains.

Or les Documents que nous avons ici comprennent des notes diverses, les titres des Contes des *Quatriesme* et *Quint dixains,* ce dernier dit *le Dixain des imitacions* et les titres des deux derniers contes du *10e Dixain,* portant les nos 99 et 100. Mais ce qui les rend surtout curieux, importants et précieux, c'est qu'on y trouve plusieurs fragments de Contes qui sont restés INÉDITS et dont voici les titres : *Les Trois moines,* 2 pp. — *L'Incube,* 6 pp. — *Comment feut encore pipé l'hoste des trois Barbeaulx,* 1 p. — *Combien estoit clemente Madame Imperia,* 7 pp. — *D'une grosse guerre esmeue entre les Guilleris et les Kallibistriferes,* 9 lignes. — *Prologue du Quint dixain,* 3 pp. — *Le Fabliau de l'enfant, l'amour et la mère,* 13 vers et le même texte en prose. — *Roman de la dame empeschiée d'amour,* 1 p. — *Le Cocqu par aucthorité de iustice,* quelques lignes dans lesquelles on remarque que Balzac qui avait d'abord choisi la ville de Loches pour lieu de l'action, se ravise et prend la ville d'Arles. — *Comment finit le soupper du Bonhomme,* 8 lignes. — *Le Mignon du Roy,* 1 p. et 8 lignes. — *Le Vœu du Capitaine Croque-baston,* divisions et titres des chapitres.

1148. BALZAC (H. de). LES CONTES DROLATIQUES colligez ez abbayes de Touraine et mis en lumière par le Sieur de Balzac, pour l'esbattement des pantagruélistes et non aultres. Cinquiesme édition, illustrée de 425 dessins par Gustave Doré. *Paris, ez Bureaux de la Société générale de Librairie,* 1855, 1 tome en 2 vol. in-8, fig. mar. r. dos orné et mosaïqué de mar. bleu, milieu des plats dor. et mosaïqué, dent. int. tête dor. ébarbé. (*Trouillier, succ. de Petit-Simier.*)

Première édition illustrée par Gustave Doré.

Curieux exemplaire auquel on a ajouté :

1° TRENTE-DEUX DESSINS ORIGINAUX A L'AQUARELLE reproduisant dans des poses scatologiques des figures de l'édition ·

2° DIX-NEUF DESSINS ORIGINAUX au lavis par H. de Sta ;

3° UNE AQUARELLE ORIGINALE de Coindre servant de frontispice à ces dessins ;

4° Le portrait de Balzac, gravé à l'eau-forte par Edm. Hédouin, en bistre sur Chine.

D'après une note manuscrite, les 32 premières aquarelles seraient de Gustave Doré lui-même, et proviendraient de sa succession.

1149. **BALZAC** (H. de). Les Contes drolatiques, colligez ez abbayes de Touraine et mis en lumière par le Sieur de Balzac pour l'esbattement des pantagruélistes et non aultres. Sixiesme édition illustrée de 425 dessins par Gustave Doré. *Paris, Caen*, 1861, in-8, front. et fig. sur bois, mar. orange, dosorné, fil. dent. int. tr. dor. (*Hardy-Mennil.*)

Un des 25 exemplaires imprimés sur papier de Chine. Ces exemplaires sont, paraît-il, les seuls qui aient été tirés sur les bois originaux, le tirage entier des exemplaires de l'édition de 1855 et de ceux sur papier ordinaire de l'édition de 1861 ayant été faits sur des clichés.

On y a ajouté un billet autographe de Balzac et son portrait gravé sur acier par Carey.

1150. — Les Contes drôlatiques colligez ez abbayes de Touraine et mis en lumière pour l'esbattement des pantagruélistes et non aultres. Septiesme édition, illustrée de 425 dessins par Gustave Doré. *Paris, Garnier, s. d.* in-8, front. et fig. sur bois, mar. r. dos orné et mosaïqué de mar. vert, fil. dent. int. tête dor. ébarbé. (*Hardy-Mennil.*)

Exemplaire sur papier de Chine.

1151. — Histoire de la grandeur et de la décadence de César Birotteau, parfumeur, chevalier de la Légion d'Honneur, adjoint au Maire du 2e arrondissement de la ville de Paris. Nouvelle scène de la Vie parisienne. *Paris, chez l'éditeur*, 1838, 2 vol. in-8, demi-rel. mar. vert avec coins, dos orné, tête dor. non rog.

Bel exemplaire de l'Édition originale.

1152. — Le Père Goriot, scènes de la vie Parisienne. Dix compositions par Lynch, gravées à l'eau-forte par E. Abot. *Paris, Quantin*, 1885, in-8, pl. à l'eau-forte, mar. brun, genre bradel, chiffre, non rog. couverture.

De la collection des *Chefs-d'œuvre du Roman contemporain.*

1153. — Physiologie du mariage, ou Méditations de philosophie éclectique, sur le bonheur et le malheur conjugal.

Deuxième édition. *Paris, Ollivier*, 1834, 2 vol. in-8, en feuilles.

Exemplaire NON ROGNÉ enrichi de CENT TROIS JOLIS DESSINS ORIGINAUX à la plume rehaussés de lavis, par CHAUVET et d'un portrait de Balzac à 36 ans dessiné à la plume et au lavis par le même, d'après un dessin inédit de Lassalle à la Bibliothèque Nationale.

1154. BANVILLE (Th. de). Les Camées parisiens. Frontispice avec portraits à l'eau-forte de Ulm (1re et 2e séries). *Paris, Pincebourde*, 1866, 2 vol. in-12, front. mar. bleu, dos orné, fil. dent. int. tr. dor. (*David.*)

ÉDITION ORIGINALE, tirée à petit nombre.
De la *Petite Bibliothèque des curieux*.
Exemplaire sur PEAU DE VÉLIN avec le frontispice en triple état AVANT LA LETTRE : noir, bistre et sanguine.

1155. BARBEY D'AUREVILLY (J.). Le Chevalier Des Touches. Dessins de Julien Le Blant, gravés par Champollion. *Paris, Librairie des Bibliophiles,* 1886, gr. in-8, portr. et pl. gr. à l'eau-forte, br. couverture.

De la *Bibliothèque artistique moderne*.
Exemplaire sur GRAND PAPIER WHATMAN avec les eaux-fortes en double état : avec et AVANT LA LETTRE.

1156. — LE CHEVALIER DES TOUCHES. Dessins de Julien Le Blant, gravés par Champollion. *Paris, Librairie des Bibliophiles*, 1886, gr. in-8, portr. et fig. à l'eau-forte, br. couverture.

De la *Bibliothèque artistique moderne*.
Exemplaire numéroté sur GRAND PAPIER VÉLIN DE HOLLANDE, illustré de QUARANTE AQUARELLES ORIGINALES de A. BLIGNY.

1157. — Deux Rhythmes oubliés (Laocoon; les Yeux caméléons; par J. Barbey d'Aurevilly). *Caen, Le Blanc-Hardel*, 1869, pet. in-8, pap. de Holl. demi-rel. mar. vert, tête dor. non rog. couverture. (*R. Petit.*)

Jolie et curieuse rareté bibliographique, tirée seulement à 36 exemplaires, non mis dans le commerce, aux frais de G. S. Trébutien.

1158. Barbier (Aug.). Satires et poèmes. *Paris, Bonnaire*, 1837, in-8, demi-rel. mar. bleu avec coins, dos orné, fil. tête dor. non rog. (*David.*)

Édition originale de ce recueil renfermant les *Iambes* augmentés, *Il Pianto* et *Lazare*.
Bel exemplaire relié sur brochure.

1159. — Nouvelles Satires. *Paris, Masgana*, 1840, in-8, demi-rel. mar. bleu avec coins, dos orné, fil. tête dor. non rog. (*David.*)

Bel exemplaire de l'Édition originale.

1160. Baschet (Armand) et Feuillet de Conches. Les Femmes blondes selon les peintres de l'école de Venise, par deux Vénitiens (Armand Baschet et Feuillet de Conches). *Paris, Aubry*, 1865, in-8, pap. vélin, demi-rel. mar. vert clair avec coins, dos orné, fil. tête dor. ébarbé.

1161. Baudelaire (Charles). Les Épaves. Pièces condamnées ; galanteries ; épigraphes ; pièces diverses ; bouffonneries. *Bruxelles*, 1874, in-12, front. de Félicien Rops, demi-rel. mar. r. avec coins, tête dor. non rog.

Exemplaire avec double épreuve du frontispice de Rops sur papier chamois : noir et sanguine.

1162. Ange Bénigne (Mme la Ctesse de Molènes). A Demi-mot. Illustrations de J. Parys et J. Roy. *Paris, Monnier*, 1886, gr. in-8, fig. demi-rel. mar. La Vall. tête dor. non rog. couverture illustrée.

Un des 30 exemplaires sur grand papier du Japon (n° 3).

1163. Béquet (Etienne). Marie, ou le Mouchoir bleu. Notice littéraire par Adolphe Racot. Six compositions par de Sta, gravées par Abot. *Paris, Conquet*, 1884, in-16, fig. demi-rel. mar. bleu avec coins, genre bradel, non rog. couverture. (*Carayon.*)

Un des 200 exemplaires sur grand papier vélin (n° 9), avec les eaux-fortes en 3 états : avec la lettre, avant la lettre et eau-forte pure, orné sur le faux titre et le titre de DEUX CHARMANTES AQUARELLES originales par H. De Sta, l'illustrateur du livre.

1164. Béraldi (Henri). 1865-1885. Bibliothèque d'un Bibliophile. *Lille*, *Danel*, 1885, in-8, mar. brun genre bradel, chiffre, tête dor. non rog. couverture.

Description de la bibliothèque de M. Eugène Paillet, tirée à petit nombre sur papier de Hollande.

1165. — Estampes et Livres. 1872-1892. *Paris, Conquet*, 1892, in-8 tiré in-4, pl. br. couverture.

Belle publication, tirée seulement à 390 exemplaires numérotés (n° 266) et ornée de 42 planches en héliogravure et en chromolithographie.

1166. BÉRANGER (P. J. de). CHANSONS DIVERSES. — Petit in-4, portraits et fig. mar. r. dos orné et mosaïqué de mar. vert, fil. comp. et milieu à petits fers et mosaïqués de mar. vert, doublé et gardes de moire bleue, dent. non rog.

RECUEIL PRÉCIEUX DES CAHIERS ORIGINAUX MANUSCRITS AUTOGRAPHES DE BÉRANGER, de 1834 à 1847, avec changements et corrections, et une LETTRE AUTOGRAPHE signée de BÉRANGER à son éditeur, M. PERROTIN.

On y a ajouté la suite des figures de Lemud, épreuves AVANT LA LETTRE sur CHINE. Ce volume se compose de 167 ff. montés sur onglets.

1167. — CHANSONS MORALES ET AUTRES, par M. P. J. de Béranger, convive du Caveau moderne. *Paris, Eymery*, 1816, in-18, front. et titre gr. avec vign. musique notée, v. bleu, dos orné, dent. à froid, tr. dor. (*Thouvenin.*)

ÉDITION ORIGINALE, extrêmement rare, de la préface et des quatre-vingt-trois premières chansons de Béranger. Elle est ornée d'un frontispice et d'un titre gravé, d'après Carle et Horace Vernet; les chansons : *Parny*, *Charles VII*, *Beaucoup d'Amour*, *Adieux de Marie Stuart*, *les Gueux* ont la musique intercalée dans le texte.

1168. — Œuvres complètes. Édition unique revue par l'auteur, ornée de 104 vignettes en taille-douce par les peintres les plus célèbres. *Paris*, *Perrotin*, 1834, 4 vol. — Supplément aux Œuvres complètes de Béranger. *Paris, chez tous les marchands de nouveautés*, 1834. — Musique des chansons de Béranger. *Paris*, *Perrotin*, 1834. — Ens. 6 vol, in-8, portr. fig. demi-rel. mar. violet avec coins, dos orné et mosaïqué de mar. orange, tête dor. ébarbé.

PREMIÈRE ÉDITION ORIGINALE complète.

Bel exemplaire auquel on a ajouté : 1° la suite des 120 gravures sur bois par Grandville et Raffet, de l'édition de *Paris, Fournier*, 1836 ;

2° Les 30 gravures sur acier de l'édition de 1834, nouveau tirage avec entourage par Français;

3° La suite des 8 *figures* sur acier de Johannot;

4° 1 frontispice à l'eau-forte par Chauvet (*Au Dieu des bonnes gens*), en 4 épreuves tirées chacune en couleur différente, dont 3 sur CHINE VOLANT.

1169. BÉRANGER (P. J. de). ŒUVRES COMPLÈTES. Édition unique, revue par l'auteur, ornée de 104 vignettes en taille-douce dessinées par les peintres les plus célèbres. *Paris, Perrotin*, 1834, 4 tomes en 7 vol. — Chansons de Béranger. Supplément. *Paris*, 1866. — Ens. 8 vol. in-8, portr. et fig. de Johannot, Charlet, Grenier, etc. fac-similé, demi-rel. mar. brun avec coins, dos orné et mosaïqué de mar. r. fil. tête dor. non rog. (*Thierry, succ. de Petit-Simier.*)

Bel exemplaire auquel on a ajouté :

1° La suite des 40 dessins d'Henry Monnier, lithographiés à la plume et coloriés au pinceau, plus 10 en double en noir ou en couleur.

2° La suite des 120 figures sur bois d'après Grandville et Raffet, pour l'édition de 1836, plus 4 doubles.

3° La même suite en épreuves COLORIÉES.

4° La suite de 1 portrait et 52 figures de Charlet, Lemud, Johannot, etc. gr. sur acier, pour l'édition de 1847.

5° La suite de 30 figures sur acier, nouveau tirage d'une partie de celles de l'édition, augmentées d'encadrements d'après Français.

6° 22 figures de l'édition en épreuves sur CHINE, AVANT LA LETTRE.

7° 7 figures *libres* de Tony Johannot et autres, épreuves sur CHINE.

8° 10 portraits divers de Béranger dont 6 sur CHINE.

1170. — Chansons anciennes et posthumes. Nouvelle édition populaire ornée de 161 dessins inédits et de vignettes nombreuses, par MM. Andrieux, Bayard, Crépon, Claverie, Darjou, Giacomelli, Riou... *Paris, Perrotin*, 1866, in-4 à 2 col. portr. et nombr. fig. sur bois, demi-rel. mar.

bleu avec coins, tête dor. non rog. (*Thierry, succ. de Petit-Simier.*)

PREMIER TIRAGE.

Exemplaire auquel on a ajouté deux portraits de Béranger (l'un à la manière noire gr. par Reynolds d'après A. Scheffer, l'autre dessiné et gr. par Masson) et DIX-NEUF AQUARELLES originales genre Devéria, Henry Monnier, etc.

1171. BÉRANGER (P.-J. de). CHANSONS. Supplément. *Paris, chez les marchands de nouveautés*, 1866, gr. in-8, pap. vélin, portr. et pl. mar. vert, dos et milieu dor. et mosaïqués de mar. r. fil. dent. int. tête dor. non rog.

Bel exemplaire, un des 160 tirés sur PAPIER VÉLIN, orné de QUARANTE-CINQ DESSINS ORIGINAUX par CHAUVET, COINDRE, DESLANDES, LUND, etc., au lavis et à l'aquarelle. — On y a ajouté le portrait de Béranger, gravé par Massard, d'après Sandoz, et le frontispice à l'eau-forte de F. Rops pour les *Gaietés*, épreuve sur JAPON.

1172. BERLEUX (Maurice Quentin Bauchart, dit Jean). La Caricature politique en France pendant la Guerre, le Siège de Paris et la Commune (1870-1871). *Paris, Labitte, Em. Paul et Cie*, 1890, gr. in-8, nombr. fig. br. couverture illustrée.

Un des 5 exemplaires sur PAPIER DU JAPON.

LETTRE AUTOGRAPHE de l'auteur ajoutée.

1173. BLANC (Charles). L'Art dans la parure et dans le vêtement. *Paris, Renouard*, 1875, gr. in-8, fig. br. couverture.

Exemplaire sur GRAND PAPIER WHATMAN.

1174. BLÉMONT (Émile). Les Filles Sainte-Marie, ronde. Dessins de Frédéric Régamey, paroles de Émile Blémont, musique de Alma Rouch. *Paris, s. d.* (1879), in-4, pap. du Japon, titre-front. et 7 pl. montées sur onglets, cart. perc. grise.

Tiré à petit nombre.

Exemplaire avec ENVOI AUTOGRAPHE des trois auteurs à Louis ULBACH.

1175. BLONDEL (Spire). L'Art intime et le goût en France (Grammaire de la curiosité). Illustrations de MM. Arents, Bourdin, Fraipont, Lenoir... *Paris, Rouveyre*, 1884, gr. in-8, pap. vélin, fig. et pl. noires et en couleur, demi-rel. chag. r. avec coins, dos orné, fil. tête dor. ébarbé.

1176. **Blondel** (Spire). Le Tabac. Le Livre des fumeurs et des priseurs. Préface du baron Oscar de Watteville, 113 illustrations de G. Fraipont dont 16 hors texte en couleur. *Paris, Laurens,* 1891, in-4, fig. noires et pl. en couleur, br. couverture illustrée.

1177. **Bonaparte** (Prince Roland). Une Excursion en Corse. *Paris, imprimé pour l'auteur* (*par G. Chamerot*), 1891, in-4, pap. vélin, pl. en héliogravure, br. couverture.

Tiré à petit nombre et non mis dans le commerce.

1178. **Bonhomme** (Honoré). La Société galante et littéraire au XVIIIe siècle. *Paris, Rouveyre*, 1880, in-8, front. et vign. gr. à l'eau-forte, demi-rel. mar. bleu avec coins, genre bradel, tête dor. ébarbé, couverture.

Un des 15 exemplaires sur GRAND PAPIER DE CHINE avec le frontispice et les eaux-fortes en triple état : noir, bistre et sanguine. *Ex libris* A. Clériceau.

1179. **Bonin**. Épître (en vers) à S. M. Louis Philippe premier, Roi des Français. — In-4, mar. bleu, dos orné, comp. dorés et chiffre du Roi surmonté de la couronne royale, tr. dor.

MANUSCRIT d'une écriture très soignée comprenant en tout 21 ff. écrits au recto seulement. Il est daté de *Paris*, 10, *rue Quincampoix*, 9 *août* 1840.

1180. **Bonnaffé** (Edmond). Les Collectionneurs de l'ancienne Rome. Notes d'un amateur (Edmond Bonnaffé). *Paris, Aubry*, 1867, in-8, mar. vert, dos orné, fil. encadrement à la de Tournes, dent. int. non rog. (*Masson-Debonnelle.*)

Un des 10 exemplaires sur PARCHEMIN de choix (n° 5).

1181. **Borel** (Petrus). Madame Putiphar. Seconde édition, conforme pour le texte et les vignettes à l'édition de 1839. Préface par M. Jules Claretie. *Paris, Willem*, 1877-78, 2 vol. gr. in-8, fig. mar. grenat, dos orné, fil. et comp. XVIIIe siècle, dent. int. tr. dor. (*Thiollier.*)

Bel exemplaire numéroté sur GRAND PAPIER DE HOLLANDE, auquel on a ajouté la suite des 8 figures sur acier, d'après les dessins de Michele Armajer en épreuves AVANT LA LETTRE en triple état ; en noir sur chine et en bistre sur Hollande et Chine.

1182. BORET (A. de). La Légende de Marlborough. *Paris, Cadart et Luquet, s. d.* in-fol. titre-front. et 20 pl. gr. à l'eau-forte sur Chine par A. de Boret, cart. perc. noire, fers spéciaux.

1183. BOUCHÉ (Jacques). Gallet et le Caveau, 1698-1757, *Paris, Dentu*, 1884, 2 vol. in-8, texte encadré de r. vign. sur bois, br. couvertures.

Un des 100 exemplaires sur GRAND PAPIER DE CHINE.

1184. BOUQUET (F.). La Troupe de Molière et les Deux Corneille à Rouen, en 1658. *Paris, Claudin*, 1880, pet. in-12, front. et 2 fig. gr. à l'eau-forte par Jules Adeline, facsimilé, en feuilles, dans un carton.

Un des 6 exemplaires sur PARCHEMIN-VÉLIN, avec les eaux-fortes en triple état: avec la lettre et AVANT LA LETTRE en noir et en bistre.

1185. BOUTET (Henri). 1886. Calendrier Parisien. Douze sonnets d'Ern. d'Hervilly et treize pointes sèches, de Henri Boutet. *Paris, Conquet, s. d.* (1886), pet. in-12, texte encadré d'un fil. r. fig. cart. en satin rose, non rog.

Première année de ce charmant almanach.
Un des 50 exemplaires sur PAPIER DU JAPON, contenant un double état des pointes sèches: avec et AVANT LA LETTRE.

1186. BRESSON (André). Bolivia. Sept Années d'explorations, de voyages et de séjours dans l'Amérique Australe... Préface de M. Ferdinand de Lesseps. Ouvrage illustré de 107 planches et vignettes, par Henri Lanos... *Paris, Challamel*, 1886, in-4, portr. fig. et pl. cartes noires et en couleur, mar. brun, genre bradel, chiffre, tête dor. non rog. couverture illustrée.

ENVOI AUTOGRAPHE de M. Ferd. DE LESSEPS à M. PIAT.

1187. BRILLAT-SAVARIN. PHYSIOLOGIE DU GOUT, avec une préface par Ch. Monselet Eaux-fortes par Ad. Lalauze. *Paris, Librairie des Bibliophiles*, 1879, 2 vol. in-8, portr. et pl. mar. bleu, dos orné, fil. dent. int. tr. dor. couverture. (*Cuzin*.)

De la *Petite Bibliothèque artistique*.
Un des 20 exemplaires sur PAPIER WHATMAN, contenant une épreuve

du portrait avec lettre et deux AVANT LA LETTRE sur PAPIER WHATMAN et sur PAPIER DE CHINE, et le TIRAGE A PART des vignettes et culs-de-lampe sur PAPIER DE CHINE, plus 4 épreuves avec remarques, des vignettes et culs-de-lampe des pages 35, 46, 68 et 80 du tome I.

1188. BRIVOIS (Jules). Bibliographie des ouvrages illustrés du XIXe siècle, principalement des livres à gravures sur bois. *Paris*, *Rouquette*, 1883, gr. in-8, pap. vergé, figure ajoutée, chag. brun genre bradel, chiffre, tête dor. non rog. couverture.

1189. BRIZEUX (Auguste). Marie, poème. Primel et Nola. Illustrations de Henri Pille. *Paris*, *Lemerre*, *s. d.* (1881), gr. in-8, portr. à l'eau-forte et pl. rel. en velours olive frappé, doublé et gardes de papier doré historié, non rog. couverture. (*Durvand-Thivet.*)

1190. BRUANT (Aristide). Dans la Rue. Chansons et monologues. Dessins de Steinlen. *Paris*, *Aristide Bruant, auteur-éditeur*, *s. d.* (1889), in-12, nombr. fig. br. couverture en couleur.

ÉDITION ORIGINALE.

Exemplaire SUR GRAND PAPIER DE JAPON.

1191. BURTY (Ph.). Eaux-fortes de Jules de Goncourt. Notice et catalogue de Philippe Burty. *Paris*, *Librairie de l'Art*, 1876, in-fol. fig. et 20 pl. gr. à l'eau-forte, en feuilles dans un carton.

Édition tirée seulement à 300 exemplaires.

Exemplaire numéroté sur papier teinté avec les planches sur Hollande.

1192. — Eaux-fortes de Jules de Goncourt. Notice et catalogue de Philippe Burty. *Paris*, *Librairie de l'Art*, 1876, in-fol. fig. et 20 pl. gr. à l'eau-forte, en feuilles dans un carton.

Un des 100 exemplaires numérotés sur PAPIER DE HOLLANDE (n° 37), avec les planches sur papier du JAPON.

SIGNATURE AUTOGRAPHE d'Edmond DE GONCOURT sur un f. de garde.

1193. — F.-D. Froment-Meurice, argentier de la Ville. 1802-1855. *Paris*, *Jouaust*, 1883, in-4, pap. de Hollande, portr. fig. et pl. gr. à l'eau-forte, chag. brun genre bradel, chiffre, non rog. couverture.

1194. BURTY (Ph.). F.-D. Froment-Meurice argentier de la ville 1802-1855. *Paris, Jouaust*, 1883, in-4, portr. fig. pl. gr. à l'eau-forte et fac-similés, br.

Exemplaire portant un ENVOI AUTOGRAPHE de l'auteur à Mme H. MONNIER, auquel on a ajouté : 1° un petit *dessin à la plume* de Ph. Burty; 2° des *épreuves d'essai* pour 6 des vignettes et pour 3 des planches hors texte, plus la photographie de l'une des vignettes; 3° la chromolithographie d'un *Pendant émaillé*, faite par G. Régamey et tirée, paraît-il, à une douzaine d'exemplaires seulement, laquelle est accompagnée d'une épreuve en couleur des diverses planches qui ont servi au tirage, et d'une épreuve de la même chromolithographie refaite plus tard par Pralon; 4° une NOTE AUTOGRAPHE de l'auteur portant envoi de ces diverses pièces ajoutées, à Mme Monnier.

1195. — MAITRES ET PETITS MAITRES. *Paris, G. Charpentier*, 1877, in-12, mar. grenat, fil. à fr. dent. int. formée du monogramme et de la devise de M. Burty, doublure et gardes en moire grenat, tête dor. non rog. couverture. (*R. Petit.*)

EXEMPLAIRE DE L'AUTEUR avec quelques CORRECTIONS DE SA MAIN et tiré sur PAPIER DE HOLLANDE.

Le premier plat de la reliure porte le titre du livre en lettres d'or et un ÉMAIL en relief représentant l'emblème adopté par M. Burty : une cigogne tenant dans son bec une banderole sur laquelle on lit la devise « *Libre et fidèle* ».

1196. BYRON (Lord). ŒUVRES. Quatrième édition, entièrement revue et corrigée, par A. P....t (Amédée Pichot); précédée d'une notice sur Lord Byron par M. Charles Nodier. *Paris, Ladvocat*, 1823-25, 8 vol. gr. in-8, portr. 8 titres gr. et 18 fig. par Westall et Devéria, v. r. dos orné, fil. et comp. dor. dent. et milieu à froid, tr. dor. (*Deforge.*)

Exemplaire sur GRAND PAPIER VÉLIN avec les figures en double état: avec la lettre sur CHINE et EAUX-FORTES PURES.

1197. CABROL (Elie). La Première Absence. Lettres en vers. (Avril à Octobre 185...); avec douze eaux-fortes d'après D'Hurcelles. *Paris, Librairie des Bibliophiles*, 1872, in-12, 12 pl. mar. vert, dos orné, fil. et comp. à la Du Seuil, doublé et gardes de moire rose, dent. tr. dor.

Bel exemplaire sur PAPIER VÉLIN, avec les figures en double état: en noir et à la sanguine.

ENVOI AUTOGRAPHE de l'auteur.

1198. Campardon (Émile). Un Artiste oublié, J. B. Massé, peintre de Louis XV, dessinateur, graveur. Documents inédits. *Paris, Charavay*, 1880, pet. in-8 carré, portraits, mar. olive jans. dent. int. tr. dor. (*Raparlier*.)

1199. CAREY (David). Life in Paris; comprising the rambles, sprees, and amours of Dick Wildfire, of Corinthian celebrity, and his bang-up companion, Squire Jenkins and Captain O'Shuffleton... *London, John Fairburn*, 1822, in-8, front. 20 pl. en couleur et vign. sur bois, par George Cruikshank, demi-rel. mar. r. avec coins, dos orné, fil. tr. dor.

Premier tirage de ce rare volume orné de 20 curieuses planches coloriées, dessinées et gravées par George Cruikshank et 22 gravures sur bois gravées par White d'après les dessins du même artiste.

Très belles épreuves.

1200. Cas (Le) du Vidame, par l'Académicien d'Estampes. Illustré par A. Robida. *Paris, Librairie illustrée*, *s. d.* (1889) in-4, portr. et fig. br. couverture.

Exemplaire sur papier du Japon de cette fort amusante réclame pour un vin célèbre.

1201. Caze (Robert). En Journée. *Paris*, 1885, in-12 de 22 pp. br.

Véritable curiosité bibliographique tirée seulement à *onze exemplaires* numérotés à la presse, sur papier du Japon distribués par l'auteur.

Exemplaire n° 8 avec un envoi autographe de Robert Caze à Georges Rall.

1202. Chalons-d'Argé (A.-P.). Marie-Amélie de Bourbon. Notes historiques et biographiques accompagnées de neuf autographes de Louis-Philippe, Marie-Amélie, la Princesse Hélène d'Orléans, la Princesse Marie d'Orléans, Madame la Duchesse de Nemours... etc. (par Chalons d'Argé). *Paris, Librairie centrale*, 1868, in-12 tiré gr. in-8, fac-similés, demi-rel. mar. bleu avec coins, tête dor. non rog.

Bel exemplaire numéroté sur grand papier de Hollande, auquel on a ajouté: 1° une très intéressante et très importante lettre autographe signée de la reine Marie-Amélie, adressée à Hélène de

Mecklembourg-Schwerin, alors fiancée à son fils le duc d'Orléans (2 pp. in-4). Dans cette lettre, datée du 31 mars 1837, elle remercie en termes émus la princesse Hélène d'avoir accueilli favorablement la demande de son fils, se rend garante de son bonheur futur et l'assure de l'affection que tous les membres de la famille royale lui témoigneront.

2° 23 portraits en épreuves de choix de la reine Amélie, de Louis-Philippe de leurs enfants, etc. dont plusieurs AVANT LA LETTRE et sur CHINE.

3° 7 figures diverses : Mort du duc d'Orléans; Séance du 24 février 1848, etc.

1203. CHAMPFLEURY. Les Chats. Histoire, mœurs, observations, anecdotes. Illustré de 80 dessins par Eugène Delacroix, Viollet-le-Duc, Mérimée, Manet, Grandville... Quatrième édition. *Paris*, *Rothschild*, 1870, in-8, front. fig. et pl. mar. vert, dos orné, fil. dent. int. tête dor. non rog. (*Courmont*.)

Bel exemplaire, un des très rares tirés sur GRAND PAPIER DE CHINE, auquel on a ajouté un DESSIN ORIGINAL à la plume de L. PETIT.

1204. — Contes choisis. Les Trouvailles de Monsieur Bretoncel; la sonnette de Monsieur Berloquin; Monsieur Tringle. Nombreuses illustrations dans le texte à l'eau-forte et en typographie, par Evert van Muyden. *Paris*, *Quantin*, 1889, in-8 carré, portr. et fig. br. couverture illustrée.

Un des 50 exemplaires numérotés sur GRAND PAPIER DU JAPON (n° 19), avec le portrait en double état : avec et AVANT LA LETTRE et deux *tirages à part* des eaux-fortes du texte.

1205. — Contes choisis. *Paris*, *Quantin*, 1889, in-8, portr. et fig. br. couverture.

Un des 50 exemplaires numérotés sur PAPIER DU JAPON (n° 40) avec une AQUARELLE ORIGINALE de VAN MUYDEN sur le faux titre, le portrait de Champfleury par Paillet en deux états : avec la lettre et AVANT LA LETTRE sur JAPON et deux épreuves du tirage à part des en-têtes et des lettres ornées. On y a joint en outre 9 ff. détachés contenant DOUZE DESSINS ORIGINAUX à la plume ou au lavis de VAN MUYDEN, la plupart reproduits dans le texte mais avec changements.

1206. — Histoire de la Caricature antique. — Histoire de la Caricature moderne. *Paris*, *Dentu*, *s. d.* (1865). — Ens.

2 vol. in-12, fig. mar. brun, dos orné, fil. et comp. à froid dent. int. tête dor. ébarbé, couvertures.

ÉDITION ORIGINALE.

EXEMPLAIRE UNIQUE sur PAPIER CHAMOIS; il provient de la collection CHAMPFLEURY.

1207. CHAMPFLEURY. La Pantomime de l'Avocat. — In-8 carré, cart. percal. orange.

MANUSCRIT AUTOGRAPHE de l'auteur (9 ff.), auquel on a joint les épreuves d'imprimerie avec des corrections de sa main et la pièce imprimée. *Paris, Librairie Centrale*, 1866, 11 pp.

1208. — Les Vignettes romantiques, histoire de la littérature et de l'art 1825-1840, 150 vignettes par Célestin Nanteuil, Tony Johannot, Devéria, Jean Gigoux... suivi d'un catalogue complet des romans, drames, poésies ornés de vignettes, de 1825 à 1840. *Paris*, *Dentu*, 1883, in-4, fig. et pl. sur Japon, br. couverture illustrée.

1209. — Le Violon de faïence. Dessins en couleur par M. Émile Renard, eaux-fortes par M. J. Adeline. *Paris*, *Dentu*, 1877, in-8, pap. vélin nombr. fig. en couleur et à l'eau-forte, br. couverture illustrée.

ENVOI AUTOGRAPHE de l'auteur en partie effacé sur le faux titre.

1210. — Le Violon de faïence. Nouvelle édition illustrée de 34 eaux-fortes de Jules Adeline. Avant-propos de l'auteur. *Paris*, *Conquet*, 1885, in-8, pap. vél. front. et vign. à l'eau-forte, br. couverture illustrée.

1211. CHAMPIER (Victor). Les Anciens Almanachs illustrés. Histoire du Calendrier, depuis les temps anciens jusqu'à nos jours. Ouvrage accompagné de 50 planches hors texte en noir et en couleur, reproduisant les principaux almanachs illustrés ou gravés par Léonard Gaultier, Crispin de Passe, Abraham Bosse, de Larmessin, Lepautre, Gravelot, Cochin, Quéverdo, Devéria, etc. *Paris*, *Frinzine*, 1886, in-fol. pap. vél. fig. et pl. en feuilles, dans un carton perc. verte et bleue.

1212. CHAMPSAUR (Félicien). Entrée de Clowns. Dessins de Bac, Beauquesne, Blass, Chéret, Max Claude, Detaille,

Dillon... *Paris, Jules Lévy*, 1886, in-12, portr. et nombr. fig. br. couverture illustrée.

ÉDITION ORIGINALE.
Un des 30 exemplaires numérotés sur GRAND PAPIER DU JAPON (n° 18).

1213. CHANSONS. Les plus jolies Chansons du pays de France. Chansons tendres, choisies par Catulle Mendès, notées par Emmanuel Chabrier et Armand Gouzien, illustrées par Lucien Métivet. *Paris, Plon, s. d.* gr. in-8, fig. pl. noires et en couleur, musique notée, velours olive frappé, non rog. (*Durvand-Thivet.*)

1214. CHATILLON (Auguste de). La Levrette en pal'tot (par Aug. de Chatillon.) *S. l. n.d.* (*Paris,* 1881), gr. in-8, 7 pl. à l'eau-forte par Cain, montées sur onglets, cart. bradel perc. r. non rog. (*Pierson.*)

1215. CHESNEAU (Ernest). Artistes anglais contemporains; J. E. Millais, Ed. Burne-Jones, W. B. Richmond sir de Leighton, Alma-Tadema, G. F. Watts, J. D. Linton... Nombreuses illustrations dans le texte et 13 eaux-fortes par les premiers artistes. *Paris, Rouam, s. d.* in-fol. fig. et pl. cart. perc. verte, fers spéciaux, tr. dor.

1216. CHEVIGNÉ (C^le^ de). Contes Rémois (par le comte Louis de Chevigné). *Paris, Firmin-Didot,* 1839, in-12, mar. brun, fil. à fr. dent. int. tête dor. non rog. couverture.

Seconde édition sous ce titre et ÉDITION ORIGINALE des vingt-trois premiers contes.

1217. — Les Contes Rémois. Dessins de E. Meissonier. Cinquième édition. *Paris, Michel Lévy,* 1861, in-8, portr. gr. sur acier et vign. sur bois, mar. olive jans. doublé de mar. r. dent. angles et milieu dor. à petits fers, tête dor. ébarbé. (*Chatelin.*)

Édition imprimée sur une imposition nouvelle, ornée des portraits du comte de Chevigné et de Lavalette.

1218. — Les Contes Rémois, dessins de E. Meissonier. Huitième édition. *Paris, Librairie de l'Académie des Bibliophiles,* 1868, in-8 pap. vélin, portr. sur Chine et vign. sur bois demi-rel. mar. r. avec coins, tête dor. ébarbé.

ENVOI AUTOGRAPHE de l'auteur.

1219. CHEVIGNÉ (Cte de). Les Contes Rémois. Douzième édition, précédée de la Muse Champenoise, par Louis Lacour. Dessins de Jules Worms, gravés à l'eau-forte par Paul Rajon. *Paris, Librairie des Bibliophiles*, 1877, in-16 tiré in-8, portr. et fig. mar. citron, dos orné, fil. dent. int. tr. dor. couverture. (*Champs.*)

De la *Bibliothèque artistique.*
Exemplaire numéroté sur PAPIER DE HOLLANDE (n° 73).

1220. CHINCHOLLE (Charles). Les Pensées de tout le monde. *Paris, Quantin*, 1890, in-32 de 70 pp. pap. vélin, texte encadré de r. et or, mar. vert foncé, 3 fleurs de lis sur le premier plat, dent. int. tr. dor. couverture.

Tiré à 500 exemplaires numérotés (n° 222).

1221. CHRONIQUEUR (Le) de la Semaine, paraissant tous les dimanches. Critique, salons, théâtres, coulisse, anecdotes, hommes de lettres, journalistes... *Paris, Taride*, 1856, pet. in-8, mar. r. dos orné, large dent. sur les plats et dent. int. tr. dor. (*Simier.*)

Collection très rare de cette revue littéraire, du 1er octobre 1856 au 5 février 1857, rédigée par Louis Ulbach et Edmond Texier, avec le concours d'Arnould Frémy, Taxile Delord, Saint-Preux, etc.
Bel exemplaire de Louis ULBACH, avec son *ex-libris.*

1222. CLADEL (Léon). L'Amour romantique; préface par Octave Uzanne. Illustrations d'A. Ferdinandus, gravées par Gaujean, F. Beaumont et Puyplat. *Paris, Rouveyre et Blond*, 1881, in-12, tiré in-8, portr. et fig. à l'eau-forte, mar. bleu, dos et plats ornés de 5 fil. doublé en papier japonais, dent. gardes de satin bleu, tête dor. non rog. couverture, étui. (*Champs.*)

Bel exemplaire, un des 15 tirés sur PAPIER DU JAPON (n° 10), avec le portrait et les figures tirés en quatre états dont un à l'état d'EAU-FORTE auquel on a ajouté : 5 LETTRES AUTOGRAPHES DE LÉON CLADEL; — 2 lettres de l'éditeur; — le MANUSCRIT AUTOGRAPHE DE LA PRÉFACE; — la lettre de faire part du décès de L. Cladel.
Exemplaire du préfacier, Octave UZANNE, avec son *ex-libris.*

1223. — Petits Cahiers. *Paris, Monnier*, 1885, gr. in-8 carré, fig. et pl. demi-rel. mar. bleu avec coins, dos orné, fil. tête dor. non rog. couverture illustrée.

Bel exemplaire, un des 15 numérotés sur PAPIER IMPÉRIAL DU JAPON (n° 1), auquel on a ajouté : UNE LETTRE AUTOGRAPHE de CLADEL relative à l'ouvrage; un double du faux-titre et du titre sur papier ordinaire portant un ENVOI AUTOGRAPHE de l'auteur à son éditeur; et les *fumés* des 19 figures ornant cette édition.

1224. CLARETIE (Jules). La Canne de Michelet, promenades et souvenirs. Préface par Alfred Mézières. Douze compositions de P. Jazet, gravées à l'eau-forte par Toussaint. *Paris, Conquet*, 1886, in-8, portr. et pl. br. couverture.

Un des 150 exemplaires numérotés sur GRAND PAPIER DU JAPON (n° 98), avec les figures en double état avec et AVANT LA LETTRE.

1225. — Le Drapeau. Édition illustrée de gravures hors texte, par A. de Neuville, de gravures sur bois, d'après les dessins de Edmond Morin et du portrait de l'auteur gravé à l'eau-forte, par A. Gilbert. *Paris, Decaux et Dreyfous*, 1879, in-4, texte encadré de fil. tricolores, portr. pl. et vign. mar. r. encadrement de 6 fil. sur les plats, dent. int. tr. dor. (*Raparlier*.)

ÉDITION ORIGINALE.
Bel exemplaire, un des 40 numérotés sur GRAND PAPIER WHATMAN (n° 35), avec double suite des planches dont une sur CHINE VOLANT.

1226. — LE DRAPEAU. *Paris, Calmann Lévy*, 1886, gr. in-16 carré, br. couverture.

Un des 25 exemplaires numérotés sur GRAND PAPIER DU JAPON (n° 14), enrichi de TRENTE-TROIS AQUARELLES ORIGINALES par A. BLIGNY.

1227. — Explication, illustrée par A. Robida. *Paris, Librairie illustrée*, 1894, in-4, fig. br. couverture illustrée.

Un des 50 exemplaires numérotés sur GRAND PAPIER DU JAPON (n° 29).

1228. — Pétrus Borel le Lycanthrope; sa vie, ses écrits, sa correspondance; poésies et documents inédits. Frontispice à l'eau-forte avec portrait de Ulm. *Paris, Pincebourde*, 1865, in-16 carré, portr.-front. mar. orange, dos orné et mosaïqué de mar. bleu, fil. dent. int. tr. dor. couverture. (*Belz-Niedrée*.)

De la *Bibliothèque originale*.
Un des 2 exemplaires sur PEAU DE VÉLIN avec le frontispice en triple état : noir, bistre et sanguine.

1229. Claude (Victor). Les Grappillons, contes en vers, sonnets, épigrammes, fables, boutades, naïvetés, épices, etc., par un Bourguignon Salé (Victor Claude). Frontispice à l'eau-forte par Ad. Lalauze. *Paris, Arnaud et Labat*, 1879, in-12, cart. artistique en satin broché, non rog. couverture. (*Amand.*)

Un des 15 exemplaires numérotés sur grand papier Whatman, de ce recueil de contes salés d'un Chevigné auxerrois, auquel on a ajouté le charmant frontispice de Lalauze *en huit états*.

M. Octave Uzanne, qui dirigea l'impression de ce livre, a de plus joint à cet exemplaire qui lui a appartenu : 1° Les DESSINS ORIGINAUX de Marius Perret pour la couverture, les en-têtes et les culs-de-lampe. — 2° Quatre lettres autographes de l'auteur relatives à l'ouvrage et sa photographie. — 3° Une pièce de vers autographe de Prosper Blanchemain. — 4° Des pièces supplémentaires envoyées trop tard à l'imprimerie. — 5° Une lettre du brocheur certifiant le tirage de l'édition à 500 exemplaires.

Ex-libris Octave Uzanne.

1230. Cohen (Henry). Guide de l'Amateur de livres à gravures du xviiie siècle. Cinquième édition, revue, corrigée et considérablement augmentée par le Baron Roger Portalis. *Paris, Rouquette*, 1886, gr. in-8 à 2 col. pap. vélin, front. et fig. ajoutés, mar. brun genre bradel, chiffre, tête dor. non rog. couverture.

1231. COLLECTION du bibliophile français. *Paris, Bachelin-Deflorenne*, 1863-1869, 12 vol. in-16, portraits à l'eau-forte par G. Staal, mar. r. dos orné, fil. dent. int. tr. dor. (*Belz-Niedrée.*)

Hégésippe Moreau. Œuvres inédites avec introduction et notes par Armand Le Bailly. — Hégésippe Moreau. Documents inédits (par le même). — Élisa Mercœur, par Jules Claretie. — Thalès Bernard. La Lisette de Béranger. — J. Marie Peigne. Lamennais, sa vie intime à la Chênaie. — Madame de Lamartine, par Armand Le Bailly. — J. Poisle Desgranges. Rouget de Lisle et la Marseillaise. — Gérard de Nerval, sa vie et ses œuvres, par Alfred Delvau. — Henry Murger et la Bohême (par le même). — Méry, sa vie intime, anecdotique et littéraire, par Gustave Claudin. — Alfred de Vigny, étude par Anatole France. — Madame E. de Girardin (Delphine Gay), sa vie et ses œuvres, par Georges d'Heilly.

1232. Combe (William). Le Don Quichotte romantique, ou Voyage du Docteur Syntaxe, à la recherche du pittoresque et du romantique; poème en XX chants, traduit de l'anglais et orné de 26 gravures, par M. Gandais. *Paris, Pélicier*, 1821, in-8, pl. lithog. demi-rel. bradel, mar. bleu avec coins, non rog. couverture. (*Carayon.*)

PREMIER TIRAGE, très rare, de ce curieux ouvrage orné de 26 lithographies humoristiques de Malapeau.

Bel exemplaire absolument NON ROGNÉ, avec la couverture conservée.

1233. COMBE (William). THE LIFE OF NAPOLEON, a Hudibrastic poem in fifteen cantos, by Doctor Syntax, embellished with thirty engravings, by G. Cruikshank. *London, Tegg*, 1815, in-8, titre front. et pl. en couleur, mar. r. dos orné, fil. dent. int. tr. dor. (*Chambolle-Duru.*)

Violente satire, fort rare, ornée de 30 curieuses estampes en couleur de George Cruikshank, alors à ses débuts.

Très bel exemplaire du PREMIER TIRAGE.

1234. — THE TOUR OF DOCTOR SYNTAX, in search of the picturesque. A Poem. Seventh edition, with new plates. *London, Ackermann, s. d.* (1815), gr. in-8, pl. en couleur, v. f. dos orné, fil.

Amusante facétie, très recherchée, ornée de 1 portrait, 1 titre gravé avec vignette, et 29 planches en couleur d'après les dessins de Rowlandson.

1235. COMMANVILLE (Caroline). Souvenirs sur Gustave Flaubert. Texte et illustrations, par Caroline Commanville. *Paris, Ferroud*, 1895, in-8, pap. vélin, texte encadré, portr. à l'eau-forte, pl. et encadr. sur bois, br. non rog. couverture.

Tiré à petit nombre.

1236. CONTES AUX ÉTOILES : Octave Pradels. La Femme de l'Avocat. Conte dédié à Mademoiselle Jeanne Granier. Illustrations de Kauffmann. — L. de Courmont. Le Coup d'ongle, conte dédié à Madame Sarah Bernhardt. Illustrations de G. A. Loron. Eaux-fortes de Salmon. *Paris, Magnier*, 1888. — Ens. 2 vol. in-16, fig. en feuilles dans des cartonn. couverts de satin blanc.

Un des 25 exemplaires numérotés sur PAPIER DU JAPON avec le tirage à part des eaux-fortes en deux états et illustré de ONZE CHARMANTES AQUARELLES ORIGINALES, savoir 5 par POIRET pour le premier conte et 6 par VINCENT pour le second.

1237. CONTES DE FIGARO, par Du Boisgobey, Claretie, Coppée, Mary, Monselet, Mortier... Illustrations de Myrbach. *Paris, Monnier*, 1885, gr. in-8, fig. demi-rel. mar. vert avec coins, plats de papier japonais, doré, historié, dos orné, sans nerfs, fil. tête dor. non rog. couverture illustrée.

Bel exemplaire, un des 30 numérotés sur GRAND PAPIER DU JAPON (n° 11), auquel on a ajouté :

1° Le DESSIN ORIGINAL de MYRBACH pour le titre.

2° DEUX DESSINS ORIGINAUX de LYNEN pour *Tante Es* et *Poulot et Barbenzinc*.

3° DIX LETTRES AUTOGRAPHES signées de CLARETIE, François COPPÉE, Jules MARY, DU BOISGOBEY, MONSELET, baronne DOUBLE (Étincelle), Arnold MORTIER, Charles RICHARD, MYRBACH et VILLIERS DE L'ISLE-ADAM.

4° Les *fumés* sur CHINE VOLANT de toutes les illustrations.

1238. COSTUMES HISTORIQUES DES XIIe, XIIIe, XIVe ET XVe SIÈCLES, tirés des monuments les plus authentiques de peinture et de sculpture, dessinés et gravés par Paul Mercuri, avec un texte historique et descriptif par Camille Bonnard; 3 vol. — Costumes historiques des XVIe, XVIIe et XVIIIe siècles, dessinés par E. Lechevallier-Chevignard, gravés par A. Didier, L. Flameng, Laguillermie, etc. Avec un texte historique et descriptif par Georges Duplessis; 2 vol. — *Paris, Lévy*, 1860-1867. — Ens. 5 vol. in-4, nombr. pl. gr. mar. r. dos orné, fil. et comp. à la Du Seuil, doublé et gardes de moire bleue, dent. tr. dor. (*Belz-Niedrée.*)

Beaux exemplaires avec les PLANCHES COLORIÉES.

1239. COUSIN (Charles). Collections de Charles Cousin. Livres, manuscrits, faïences anciennes, tableaux, dessins, objets d'art. *Paris*, 1891, in-4, pl. en chromotypographie, br. couverture.

Exemplaire sur GRAND PAPIER DU JAPON auquel on a ajouté la Table des prix d'adjudication également sur JAPON.

ENVOIS AUTOGRAPHES de Charles COUSIN à M. PIAT.

1240. — Racontars illustrés d'un vieux collectionneur, par l'auteur du Voyage dans un grenier. *Paris, Librairie de l'Art*, 1887, 2 vol. gr. in-4, portr. fac-similés et pl. noires et en couleur, br.

Un des 150 exemplaires numérotés sur GRAND PAPIER DU JAPON divisés en deux volumes (n° 75) avec les divers états des eaux-fortes et les tirages successifs des chromotypies.

Long ENVOI AUTOGRAPHE de l'auteur à M. PIAT.

1241. Cousin (Charles). Voyage dans un grenier. Bouquins, faïences, autographes et bibelots (par Ch. Cousin). *Paris. Morgand et Fatout,* 1878, in-4, pl. et fac-similés, demi-rel. mar. r. avec coins, tête dor. ébarbé. (*Bertrand.*)

Un des 50 exemplaires sur papier Whatman (nº 5), avec une double suite des eaux-fortes, dont une avant toute lettre.
Lettre autographe de l'auteur ajoutée.

1242. Curmer (Léon). Dresde, Paris, Rome, Florence, Montpellier. *Paris, Aubry,* 1863, in-8, pap. vergé, nombr. pl. et vign. chag. brun genre bradel, chiffre, tête dor. non rog. couverture.

Cette édition des poésies du célèbre éditeur n'a été tirée qu'à 114 exemplaires numérotés, par Louis Perrin, imprimeur à Lyon (nº 56).

1243. Daudet (Alphonse). Aventures prodigieuses de Tartarin de Tarascon. *Paris, Dentu,* 1887, in-8, fig. et pl. br. couverture illustrée.

Premier tirage.
Un des 50 exemplaires sur papier de Hollande auquel on a ajouté CENT VINGT-DEUX DESSINS ORIGINAUX à la plume, par Jeanniot, des figures qui ornent cette édition.

1244. — Contes choisis ; avec sept eaux-fortes par E. Burnand. *Paris, Librairie des Bibliophiles,* 1883, pet. in-8, pap. vélin. portr. et pl. mar. brun genre bradel, chiffre, tête dor. non rog. couverture.

De la *Bibliothèque artistique moderne.*

1245. — La Double conversion, conte en vers. *Paris, Poulet-Malassis et de Broise,* 1861, pet. in-12, front. à l'eau-forte, mar. r. dos orné, fil. et comp. entrelacés, dent. int. tr. dor.

Édition originale.
Légères piqûres d'humidité.

1246. — Fromont jeune et Risler aîné. Illustrations par Edmond Morin. *Paris, Charpentier,* 1880, in-4, portr. et fig. br. couverture.

Première édition illustrée.
Un des 50 exemplaires sur grand papier de Hollande auquel on a ajouté SOIXANTE-CINQ DESSINS ORIGINAUX à la plume d'Edmond Morin des figures ornant ce volume, l'un d'eux n'a pas été employé.

1247. Dayot (Armand). Les Médaillés du Salon de 1886. *Paris, Magnier*, 1887, in-fol. fig. dans le texte et pl. en photogravure noire et teintée, en feuilles dans 4 cartons.

1248. — Napoléon raconté par l'image, d'après les sculpteurs, les graveurs et les peintres. *Paris, Hachette*, 1895, in-4, portr. fig. pl. et fac-similés, br. couverture.

1249. Delaroa (Joseph). Le Parfait Préfet. Silhouette de haute administration. *Haussmannville, Imprimerie des VII*, 1856, in-4, texte autographié, portr. nombreuses fig. et vign. texte encadré, cart. chiffre de Ch. Cousin sur les plats, non rog.

Reproduction photographique de cette satire du système administratif, faite par les soins de Ch. Cousin, en 1886, et tirée à très petit nombre.

1250. — Les Patenôtres d'un Surnuméraire (morale et politique). Deuxième édition. *Lyon, Scheuring*, 1874, in-12, cart. bradel, perc. marb. non rog.

Exemplaire sur PEAU DE VÉLIN.

1251. Delvau (Alfred). Les Sonneurs de sonnets. — In-8 demi-rel. mar. brun avec coins genre Bradel.

Important manuscrit autographe avec ratures et corrections, d'une des œuvres les plus originales de Delvau. Il comprend environ 200 f. montés sur onglets auxquels on a joint : les premières feuilles de l'édition originale de l'ouvrage en épreuves d'imprimerie portant des corrections de l'auteur et la copie de plusieurs lettres de Delvau relatives à son livre qui paraissent être adressées au poète Soulary et d'autres pièces.

1252. — Les Sonneurs de Sonnets, 1540-1866. *Paris, Bachelin-Deflorenne*, 1867, in-16, cart. bradel, perc. marb. non rog.

Édition originale, rare.
Exemplaire sur PEAU DE VÉLIN.

1253. Déroulède (Paul). Chants du soldat. Dessins et aquarelles de de Neuville, Detaille, Fraipont, Girardet, etc. *Paris, Calmann Lévy*, 1888, in-8, pl. noires et en couleur et vign. br. couverture illustrée.

Premier tirage.
On a ajouté à cet exemplaire QUATRE DESSINS ORIGINAUX à la sépia rehaussés de gouache, par R. Arus, pour le *Bon Gîte*.

1254. DÉROULÈDE (Paul). MONSIEUR LE HULAN et les trois couleurs. Conte de Noël. — Gr. in-4, ais de bois couverts de cuir noir, grande médaille de la Ligue des Patriotes, en argent, sur le premier plat, doublé de moire verte, tr. verte, étui-boîte couvert de chag. noir avec un drapeau français en mosaïque sur le couvercle, l'intérieur doublé de satin tricolore avec larges bandes brodées en fil. d'or séparant les couleurs.

Suite de SEIZE AQUARELLES ORIGINALES, supérieurement exécutées par Kauffmann en 1884, avec le texte manuscrit du Conte réparti sur chacune et la SIGNATURE AUTOGRAPHE de Paul Déroulède à la fin. Elles sont placées dans des passe-partout, à la manière des albums de photographie, avec la marge des rectos entièrement sablée d'or.

Ces aquarelles ont été reproduites dans l'édition imprimée de ce conte donnée par Lahure en 1884, sauf une qui est restée INÉDITE pour un motif facile à comprendre après l'avoir vue. Elle interprète la strophe Xe du Conte :

Puis, clopin-clopant, comme un canard ivre,
Fier de son exploit, qu'il trouve divin,
Monsieur le Hulan...

1255. DESJARDINS (Gustave). Recherches sur les Drapeaux français : oriflamme, bannière de France, marques nationales, couleurs du Roi, drapeaux de l'armée, pavillons de la marine. *Paris, Morel*, 1874, gr. in-8, pap. vélin, front. et fig. dans le texte et 42 pl. en couleur, demi-rel. mar. r. avec coins, tête dor. ébarbé.

1256. DEVAUX (Paul). Fleurs du Persil. Illustrations de Galice. *Paris, Monnier*, 1887, in-8 carré, portr. et fig. en couleur, demi-rel. mar. La Vall. avec coins, dos orné, fil. ébarbé, couverture en satin rose illustrée.

Bel exemplaire auquel on a ajouté 7 *fumés* en noir et en bistre, des encadrements de Galice et un portrait de l'auteur DESSINÉ AU CRAYON.

1257. DIGUET (Charles). Les Jolies Femmes de Paris. Vingt eaux-fortes par Martial, ornements par Morin. *Paris, Lacroix*, 1870, in-8 tiré in-4, portr. gr. à l'eau-forte, br. dans un portefeuille.

Un des 50 exemplaires du tirage spécial sur GRAND PAPIER DE HOLLANDE, in-4 raisin (n° 12), avec les portraits AVANT LA LETTRE.

On y a joint la suite des 20 eaux-fortes tirées AVANT LA LETTRE sur CHINE et remontées sur Whatman.

1258. Diniz (Antonio). Le Goupillon (O. Hyssope), poème héroï-comique, traduit du portugais, par J.-F. Boissonade. Deuxième édition, revue et précédée d'une notice sur l'auteur, par Ferdinand Denis. *Paris*, *Techener*, 1867, pet. in-8, pap. de Hollande, mar. r. dos orné, fil. dent. int. tr. dor. (*Belz-Niedrée.*)

Bel exemplaire orné d'un joli DESSIN ORIGINAL à la plume représentant l'enlèvement du Doyen par le Sorcier (Chant VII).

1259. DIX (les) Plaies d'Égypte, complainte en XLII couplets. — Pet. in-8 obl. chag. r. tr. dor.

Manuscrit orné de QUARANTE-DEUX DESSINS à la mine de plomb et de HUIT AQUARELLES.

Tout le monde connaît, en partie au moins, cette complainte pleine d'esprit et d'humour; elle se trouve ici au grand complet et illustrée avec verve et entrain par un artiste suisse, M. A. Kessler. Outre les 42 dessins qui accompagnent chaque couplet de la complainte, au commencement et à la fin de chaque dixain, sont de petites aquarelles fort jolies. Le dernier dessin porte la signature : *A. Kessler*, 1863.

1260. Doucet (Camille). Comédies en vers. *Paris*, *Michel Lévy*, 1858, 2 vol. in-8, chag. vert, dos orné, large dent. à petits fers sur les plats, doublé et gardes en satin moiré, dent. tr. dor.

Première édition collective.

Exemplaire aux armes du Prince Joseph Napoléon, cousin de l'Empereur, portant sur un f. de garde à chaque volume : *Remis à S. A. I. par l'auteur, le 27 nov. 1858.*

1261. Droz (Gustave). Monsieur, Madame et Bébé. Édition illustrée par Edmond Morin et ornée d'un portrait de l'auteur en frontispice, gravé par Léopold Flameng. *Paris*, *Havard*, 1878, gr. in-8, portr. à l'eau-forte et nombr. fig. sur bois, demi-rel. mar. grenat avec coins, tête dor. ébarbé, couverture illustrée.

Bel exemplaire du premier tirage.

1262. — Monsieur, Madame et Bébé... *Paris*, *Havard*, 1878, gr. in-8, portr. gr. à l'eau-forte et fig. br. couverture illustrée.

Premier tirage.

Exemplaire numéroté sur grand papier de Hollande.

1263. Drujon (Fernand). Les Livres à Clef. Étude de bibliographie critique et analytique, pour servir à l'Histoire littéraire. *Paris, Rouveyre*, 1888, 2 vol. gr. in-8 à 2 col. pap. vergé, mar. brun genre bradel, chiffre, tête dor. non rog. couvertures.

Tiré à petit nombre.

1264. Dubarry (Armand). Monsieur le Grand Turc. Illustrations de Leiris. *Paris, Monnier*, 1885, in-8, fig. en couleur, demi-rel. mar. orange avec coins, dos orné et mosaïqué de mar. vert, plats de cuir japonais historié, doublé et gardes de papier japonais, tête dor. non rog. couverture illustrée en couleur. (*Ruban.*)

Un des 30 exemplaires numérotés sur papier du Japon (n° 1) auquel on a joint la plupart des *fumés* des illustrations du texte, celui de la couverture, celui du dessin d'un frontispice n'appartenant pas à l'ouvrage ou qui n'y a pas été reproduit et une carte de visite autographe de l'artiste adressée à l'éditeur.

1265. Dubouchet. Le Mont Saint-Michel. Texte, dessins et eaux-fortes par Dubouchet père et fils; préface par Etienne Ducret. *Paris, Plon*, 1888, in-4 de 75 pages, pap. vélin, 12 pl. et fig. br. couverture illustrée.

1266. Du Camp (Maxime). Une Histoire d'amour. Un portrait gravé par A. Lamotte, 8 compositions de P. Blanchard, gravées par Buland. *Paris, Conquet*, 1888, in-16, portr. et fig. à l'eau-forte, cart. artistique broché d'or et fleurs de soie, doublé et gardes de soie violette brodée d'or, non rog. couverture. (*Durvand-Thivet.*)

Exemplaire numéroté sur papier du Japon.

1267. Ducros (Emmanuel). En Chemin de fer. Triolets dits par Mounet-Sully. Compositions de Ch. Daux. *Paris, Ludovic Baschet, s. d.* pet. in-fol. titre et 16 pl. en couleur, en feuilles dans un carton en satin avec composition reproduite en chromo-photogravure.

1268. — Une Cigale au Salon de 1885. *Paris, Baschet, s. d.* in-4, pap. vélin, fig. br. couverture illustrée.

Ouvrage de luxe illustré par les premiers artistes et orné de planches en photogravure, taille-douce, glyptographie, etc. en noir et en couleur.

1269. DUMAS père (Alexandre). Le Comte de Monte-Cristo. *Paris*, 1846, 2 vol. gr. in-8, fig. sur bois et pl. gr. sur acier, mar. orange, fil. à fr. dent. int. tr. dor. (*Chatelin.*)

Bel exemplaire du PREMIER TIRAGE.
Voir nos 1726 à 1730.

1270. DUMAS fils (Alexandre). La Dame aux Camélias. Préface de Jules Janin et nouvelle préface inédite de l'auteur. Illustrations de A. Lynch. *Paris, Quantin, s. d.* (1887), in-4, pap. vélin, front. en couleur, pl. gr. à l'eau-forte et fig. en couleur, br. couverture illustrée.

1271. — Le même ouvrage, même édition. *Paris, Quantin, s. d.* (1887), in-4, front. et fig. demi-rel. mar. La Vall. clair avec coins, tête dor. ébarbé, premier plat de la couverture. (*Gaillardet.*)

Un des 100 exemplaires numérotés sur PAPIER DU JAPON (n° 9), avec les eaux-fortes en deux états: avec la lettre sur Hollande et AVANT LA LETTRE sur JAPON avec *remarques*, et le TIRAGE A PART des héliogravures sur JAPON.

1272. — Le même ouvrage, même édition. *Paris, Quantin, s. d.* (1887), in-4, front. et fig. br. couverture illustrée.

Un des 100 exemplaires numérotés sur PAPIER DU JAPON (n° 47) avec les eaux-fortes en double état : AVANT LA LETTRE avec *remarques* sur JAPON, et avec la lettre sur Hollande. — TIRAGE A PART des héliogravures sur JAPON.

On y a ajouté : 1° Le portrait d'Alexandre Dumas fils, par Burney, épreuve AVANT LA LETTRE sur JAPON ; le *Portrait de Marie Duplessis d'après l'original, conservé à Saint-Evroult-de-Montfort* et *les Quartiers de la Dame aux Camélias*, deux eaux-fortes par Lynch, publiées par Ferroud, épreuves en double état : en noir sur JAPON et en sanguine sur Hollande.

1273. — Péchés de jeunesse. *Paris, Fellens et Dufour*, 1847, in-8, demi-rel. chag. r.

ÉDITION ORIGINALE, rare, de ce volume de vers, le second des ouvrages écrit par Alexandre Dumas fils.

Portrait ajouté, gravé sur acier, avec cette légende : *Alexandre Dumas II.*

1274. — Un Cas de rupture. Illustrations page à page par Eugène Courboin. *Paris, Quantin*, 1892, in-4, pap. vél. fig. en couleur, br. couverture illustrée.

Jolie édition luxueusement illustrée.

1275. DUPANLOUP (Mgr). Histoire de Notre-Seigneur Jésus-Christ. *Paris, Plon*, 1870, gr. in-8, front. 12 pl. par Overbeck et fig. mar. r. dos orné, fil. et comp. à la Du Seuil, dent. int. tr. dor. dans un étui. (*Bertrand.*)

Bel exemplaire numéroté sur GRAND PAPIER DE HOLLANDE (nº 5), auquel on a ajouté le DESSIN ORIGINAL D'OVERBECK, au lavis et crayon, pour la figure de *la Sainte Cène.*

1276. DUSEIGNEUR (Maurice). Maurice Duseig. Marcelle, poème parisien, orné de quatre eaux-fortes. *Paris, Librairie des Bibliophiles*, 1876, in-12, fig. mar. r. dos orné, fil. et comp. à la Du Seuil, dent. int. tr. dor. couverture. (*Champs.*)

Un des 25 exemplaires numérotés sur GRAND PAPIER DE CHINE, avec les eaux-fortes en double état AVANT LA LETTRE, noir et bistre.

1277. DUSSIEUX (L.). Le Château de Versailles. Histoire et description. Deuxième édition. *Versailles, Bernard*, 1885, 2 vol. gr. in-8, pl. en héliogravure et plans, mar. brun, genre bradel, chiffre, tête dor. non rog. couvertures.

1278. DUTRON (J.-B.). La Légende de Sainte-Ursule, princesse britannique, et de ses onze mille vierges d'après les anciens tableaux de l'église de Sainte-Ursule à Cologne, reproduits en chromolithographie publiée par F. Hellerhoven. Texte par J.-B. Dutron. *Paris, chez l'auteur*, 1860, in-4, texte encadré de fig. sur bois et pl. en chromolith. mar. brun, semis de fleurs de lis sur le dos et les plats, doublé et gardes de moire verte, dent. int. tr. dor.

Bel exemplaire de cette publication de luxe.

1279. EAU (L'). 23 compositions par A. Sezanne, de l'Académie de Bologne. Texte par Alphonse Daudet, Paul Arène, Charles Yriarte et Henri de Parville. *Paris, Rothschild*, 1889, in-fol. pl. en feuilles dans un portefeuille illustré.

Un des 25 exemplaires numérotés sur GRAND PAPIER DU JAPON (nº 7) avec les planches en double état : en noir sur CHINE et en couleur sur JAPON.

1280. ÉCRIN DU BIBLIOPHILE : Trois Dizains de Contes gaulois (par Jaybert). — Les Après-Soupers (par le même).

— Les Bijoux des Neuf Sœurs. — *Paris, Rouveyre*, 1882-1884. — Ens. 3 vol. in-12, front. à l'eau-forte et nombr. fig. par Cortazzo, Henriot et Le Natur, mar. orange, dos orné, fil. dent. int. tr. dor. non rog. couvertures illustrées. (*Chambolle-Duru.*)

Très bel exemplaire relié sur brochure et tiré sur PEAU DE VÉLIN, le premier à UN SEUL EXEMPLAIRE, les autres à deux, avec le frontispice en double état : noir et bistre.

1281. FABRE (Ferdinand). Lucifer. *Paris, Charpentier*, 1885, in-12, mar. brun, genre bradel, chiffre, tête dor. non rog. couverture.

Un des 30 exemplaires numérotés sur GRAND PAPIER DE HOLLANDE (nº 9).

1282. FÉMINIES, HUIT CHAPITRES INÉDITS dévoués à la femme, à l'amour, à la beauté, par Gyp, Abel Hermant, Henri Lavedan, Marcel Schwob et Octave Uzanne. Frontispices en couleurs d'après Félicien Rops, encadrements et vignettes de Rudnicki. *Paris, Imprimé pour les « Bibliophiles contemporains », Académie des beaux livres*, 1896, gr. in-8, pl. noires et en couleur, br. couverture illustrée.

Ouvrage tiré à 183 exemplaires numérotés pour les seuls membres de la Société et les auteurs. Il est orné d'un large encadrement à toutes les pp. d'un charmant frontispice de Krutké et de 8 planches de Rops, le tout en couleur ; on y trouve en outre des en-têtes et des culs-de-lampe.

Exemplaire tiré pour M. ALFRED PIAT, membre de la Société, contenant deux suites des planches de Rops, l'une en couleur, l'autre en noir avec *remarques de l'artiste.*

1283. FERTIAULT (F.). Les Amoureux du Livre. Sonnets d'un bibliophile, fantaisies, commandements du bibliophile, bibliophiliana, notes et anecdotes. Préface du Bibliophile Jacob (Paul Lacroix). Seize eaux-fortes de Jules Chevrier. *Paris, Claudin*, 1877, 2 vol. gr. in-8, front. portr. et pl. gr. mar. La Vall. genre bradel, chiffre, tête dor. non rog. couvertures.

Exemplaire numéroté sur GRAND PAPIER VERGÉ TEINTÉ, divisé en deux volumes avec les eaux-fortes en triple état: avec la lettre en noir et AVANT LA LETTRE en noir et en bistre.

1284. Feuillet (Octave). Julia de Trécœur. *Paris, Calmann Lévy*, 1885, in-16, br. couverture.

Un des 50 exemplaires numérotés sur grand papier du Japon (n° 44) auquel on a ajouté la suite de 1 frontispice et 15 vignettes gravés à l'eau-forte par Clapès d'après Henriot, en *tirage à part* sur Japon.

1285. — Le Roman d'un jeune homme pauvre. Dessins de Mouchot, gravés par Méaulle. *Paris, Quantin, s. d.* in-4, portr. gr. à l'eau-forte, fig. et pl. br. couverture illustrée.

1286. — Vie de Polichinelle et ses nombreuses aventures, avec un portrait du nez du commissaire son ennemi, et un fac-similé de la queue du diable. Vignettes par Bertall. *Paris, Hetzel*, 1846, pet. in-8, front. et vign. mar. bleu à long grain, encadrement de 7 fil. sur les plats, dent. int. tr. dor.

Édition originale.
Bel exemplaire du premier tirage.

1287. Feuillets glanés, poésies inédites. *Paris, Librairie de l'Art, s. d.* in-4, texte encadré de jolies fig. pl. gr. à l'eau-forte, cart. perc. grise, fers spéciaux, tr. dor.

Joli recueil de poésies par Jean Aicard, Th. de Banville, Paul Bourget, François Coppée, etc., orné de figures par Bouvin, Henner, Millet, Meissonier, etc. et d'eaux-fortes de Boilvin, Flameng, Hédouin, Lalauze, etc.

1288. Feydeau (Ernest). Mémoires d'une Demoiselle de bonne famille, rédigés par elle-même... *Paris, Librairie du XIXe siècle*, 1873, in-16, mar. citron, dos orné, fil. dent. int. non rog. (*Belz-Niedrée.*)

Exemplaire d'épreuves avec corrections et additions autographes de l'auteur, offrant la curieuse particularité suivante :

Ces épreuves portent les timbres de l'Imprimerie J. Claye datés du 13 au 16 octobre 1873. Ernest Feydeau étant mort le 29 du même mois, cette édition ne vit pas le jour et ce ne fut qu'en 1877 que l'édition originale parut en Belgique. Notre exemplaire présente donc le premier texte de ce roman, le seul revu et corrigé par l'auteur.

1289. FLAUBERT (Gustave). Hérodias. Compositions de Georges Rochegrosse, gravées à l'eau-forte par Champollion. Préface par Anatole France. *Paris*, *Ferroud*, 1892, gr. in-8, pl. et vign. br. couverture illustrée.

Exemplaire sur PAPIER WHATMAN, non mis dans le commerce, réservé pour M. PIAT, de plus grand format que celui des autres tirages, avec une double suite des planches hors texte dont une AVANT LA LETTRE *avec remarques* et les *tirages à part*, *avec remarques* des vignettes du texte.

1290. FLAUBERT (Gustave). Madame Bovary. Mœurs de province. Douze compositions par Albert Fourié, gravées à l'eau-forte par E. Abot et D. Mordant. *Paris*, *Quantin*, 1885, in-8, tiré pet. in-4, pl. br. couverture.

De la collection des *Chefs-d'œuvre du Roman contemporain*.

Un des 100 exemplaires numérotés sur GRAND PAPIER DU JAPON (n° 35) avec les planches en double état : avec la lettre sur HOLLANDE et AVANT LA LETTRE sur JAPON.

1291. — UN CŒUR SIMPLE, illustré de vingt-trois compositions par Émile Adan, gravées à l'eau-forte par Champollion. Préface par A. de Claye. *Paris*, *Ferroud*, 1894, gr. in-8, fig. et vign. et culs-de-lampe, br. couverture.

Exemplaire sur GRAND PAPIER WHATMAN, non mis dans le commerce, avec une triple suite des planches et des tirages à part des vignettes et culs-de-lampe, en épreuves : AVANT LA LETTRE, AVANT LA LETTRE *avec remarque* et EAUX-FORTES PURES.

1292. FOLEY (Charles). Les Saynètes que nous venons d'avoir l'honneur d'imprimer pour vous, sont de Monsieur Charles Foley, décors de Joseph Roy, mise en scène par Ed. Monnier. *Paris*, *Monnier*, 1884, in-8, fig. demi-rel. mar. r. avec coins, dos orné, fil. tête dor. non rog. couverture illustrée.

Exemplaire sur GRAND PAPIER DU JAPON auquel on a ajouté les SIX DESSINS ORIGINAUX à la plume, des figures de Joseph ROY qui ornent cet ouvrage, les *fumés* de ces figures et une épreuve AVANT TOUTE LETTRE de la couverture *coloriée à la main*.

1293. FOUQUIER (Achille). Chants populaires espagnols, quatrains et séguidilles, avec accompagnement pour piano. Dessins de Santiago Arcos imprimés hors texte. *Paris*, *Librairie des Bibliophiles*, 1882, gr. in-8, pap. de Holl. pl. sur Japon et musique, rel. en velours olive frappé, doublé et gardes de papier doré historié, non rog. couverture. (*Durvand-Thivet*.)

1294. FROMENTIN (Eugène). Sahara et Sahel. Un Été dans le Sahara. Une Année dans le Sahel. Édition illustrée de 12 eaux-fortes par Lerat, Courtry et Rajon, d'une héliogravure de 45 gravures en relief d'après les tableaux, les dessins et les croquis d'Eugène Fromentin. *Paris, Plon*, 1879, in-4, fig. et pl. montées sur onglets, mar. brun genre bradel, chiffre, non rog. couverture.

PREMIER TIRAGE.
Un des 100 exemplaires d'artiste numérotés sur PAPIER VÉLIN avec les eaux-fortes en quatre états : avec et AVANT LA LETTRE en noir, AVANT LA LETTRE à la sanguine et AVANT LA LETTRE sur CHINE VOLANT.

1295. GALERIE historique des portraits des comédiens de la troupe de Molière, gravés à l'eau-forte, sur des documents authentiques par Frédéric Hillemacher, avec des détails biographiques succincts, relatifs à chacun d'eux. *Lyon, Impr. Perrin*, 1858, in-8, portr. mar. r. dos orné, fil. à fr. dent. int. tr. dor. (*R. Petit.*)

PREMIÈRE ÉDITION, tirée seulement à 100 exemplaires numérotés (n° 74.)

1296. — Théâtrale. Collection de 144 portraits en pied des principaux acteurs et actrices qui ont illustré la scène française depuis 1552 jusqu'à nos jours. *Paris, Barraud*, 1873, 2 vol. gr. in-4, fig. et pl. en feuilles dans un carton perc. r.

Ouvrage tiré à petit nombre, orné de figures en-têtes à l'eau-forte et de 144 planches coloriées.
Le tome I est incomplet du titre.

1297. GAUTIER (Théophile). La Comédie de la Mort. *Paris, Desessart*, 1838, gr. in-8, front. sur bois, mar. noir, dos orné d'un semis de larmes et de têtes de morts, fil. tr. noire avec larmes argent.

ÉDITION ORIGINALE, ornée d'une figure par Louis Boulanger gravée sur bois par Lacoste jeune.
Exemplaire auquel on a ajouté le portrait-frontispice de Th. Gautier, gr. par Thérond pour la seconde édition des *Émaux et Camées*, en épreuve sur CHINE.

1298. — L'ELDORADO, OU FORTUNIO, publié sur l'édition originale. *Paris, imprimé pour les Amis des livres, par Motteroz*, 1880, gr. in-8, pl. gr. à l'eau-forte et vign. mar.

bleu, dos et plats avec encadrements de fil. et ornem. aux angles, dent. int. ébarbé, tr. dor. couverture conservée et étui. (*Meunier.*)

Édition imprimée à 115 exemplaires, ornée de 12 eaux-fortes de Milius en double épreuve AVANT LA LETTRE, sur papier du Japon et sur papier vélin et de 81 vignettes de P. Avril, savoir: 27 en-têtes, 27 lettres ornées et 27 culs-de-lampe, tirées hors texte en double épreuve, noir et bistre, sur chine volant. Les 27 lettres ornées sont en outre reproduites dans le texte par l'héliogravure, mais un peu réduites.

Exemplaire n° 70 portant le nom imprimé de M. le BARON ROGER PORTALIS, membre de la Société. On y a ajouté TRENTE-CINQ DESSINS ORIGINAUX ou esquisses de PAUL AVRIL; à la plume ou au crayon, dont 14 en-têtes, 10 lettres ornées et 11 culs-de-lampe.

1299. GAUTIER (Théophile). Émaux et Camées. Cent douze dessins de Gustave Fraipont; préface par Maxime Du Camp. *Paris*, *Conquet*, 1887, pet. in-12, front. et nombr. vign. cart. bradel, recouvert d'étoffe violette brochée or et couleur, doublé et gardes de pap. doré historié, couverture illustrée, non rog. (*Durvand Thivet.*)

Un des 100 exemplaires numérotés sur PAPIER DU JAPON, avec le *Musée secret*.

1300. — Les Jeunes-France, romans goguenards, Frontispice dessiné et gravé par Félicien Rops. *Sur l'imprimé de Paris*, 1833. *Amsterdam à l'enseigne du coq*, 1866, in-8, pap. de Holl. front. à l'eau-forte de F. Rops, demi-rel. mar. r. avec coins, dos orné, tête dor. non rog.

Exemplaire numéroté sur GRAND PAPIER DE HOLLANDE (n° 124), avec l'appendice bibliographique, auquel on a ajouté le portrait-frontispice de Th. Gautier, gravé à l'eau-forte par Thérond.

1301. — MADEMOISELLE DE MAUPIN, double amour. Réimpression textuelle de l'édition originale. Notice bibliographique, par Charles de Lovenjoul. *Paris*, *Conquet et Charpentier*, 1883, 2 vol. gr. in-8, 18 compositions de Toudouze, gr. par Champollion, mar. La Vall. genre bradel, non rog. couvertures. (*Lemardeley.*)

Un des 150 exemplaires numérotés sur GRAND PAPIER DU JAPON (n° 78) avec les figures en double état : avec et AVANT LA LETTRE.

On y a ajouté : 1° les planches refusées du portrait d'Albert, de Mlle de Maupin et des chapitres I et XII, en doubles épreuves sur JAPON : avec et AVANT LA LETTRE.

2° La suite de 10 figures dont un frontispice, gr. à l'eau-forte par

Taluet, d'après Poïrson. *Paris, Nadaud,* 1881, épreuves AVANT TOUTE LETTRE sur CHINE VOLANT.

3° Le portrait de Théophile Gautier, lithographié par Célestin Nanteuil, épreuve sur CHINE, remontée sur chassis.

4° Un DESSIN A L'AQUARELLE *d'un genre particulier*, pour le III° chapitre.

5° Un DESSIN A LA SÉPIA représentant Albert en admiration devant Rosalinde, chapitre XVI.

1302. GAUTIER (Théophile). La Nature chez elle. Eaux-fortes de K. Bodmer. *Paris, Marc,* 1870, gr. in-4, fig. et pl. cart. perc. brune, fers spéciaux, tête dor.

ÉDITION ORIGINALE.

1303. — Omphale, histoire rococo. Illustrations de Ad. Lalauze; préface par A. de Claye. *Paris, Ferroud,* 1896, pet. in-8, vign. et pl. gr. à l'eau-forte, br. couverture illustrée.

Un des 50 exemplaires numérotés sur GRAND PAPIER VÉLIN D'ARCHES (n° XLV), avec les eaux-fortes en triple état : AVANT LA LETTRE, AVANT LA LETTRE *avec remarque* et EAUX-FORTES PURES.

1304. — La Peau de Tigre. *Paris, Hippolyte Souverain,* 1852, 3 vol. in-8, demi-rel. mar. La Vall. avec coins, tête dor. non rog. (*David.*)

ÉDITION ORIGINALE.

Bel exemplaire de J. NOILLY, auquel on a ajouté : Le portrait de Théophile Gautier, gravé à l'eau-forte d'après la photographie de Nadar et TROIS AQUARELLES ORIGINALES de NARGEOT pour : *La Mille et deuxième Nuit, Le Pavillon sur l'eau* et *Le Pied de momie.*

Les titres des tomes I et II sont un peu courts.

1305. — Le Petit Chien de la Marquise. Préface par Maurice Tourneux; 21 dessins de Louis Morin. *Paris, Conquet,* 1893, gr. in-16, fig. mar. olive, dos orné, fil. et comp. à l'oiseau, dent. int. tr. dor. couverture illustrée. (*Ruban.*)

Bel exemplaire, un des 150 numérotés sur PAPIER VÉLIN BLANC, avec les dessins *rehaussés à l'aquarelle* et le *tirage à part* en noir des vignettes sur *Chine volant.*

1306. — Premières poésies. Albertus. Poésies diverses. *Paris, Lemerre,* 1890, in-12, br. couverture.

De la *Petite Bibliothèque littéraire.*

Un des 50 exemplaires numérotés sur PAPIER DE HOLLANDE (n° 26), avec le portrait en triple état AVANT LA LETTRE : noir, bistre et sanguine. — Il est en outre illustré de DOUZE AQUARELLES ORIGINALES de Ch. JOYAS.

1307. Gautier (Théophile). UNE NUIT DE CLÉOPATRE, illustrée de vingt et une compositions par Paul Avril. Préface par Anatole France. *Paris, Ferroud*, 1894, gr. in-8, pl. et vign. à l'eau-forte, br. couverture illustrée.

Exemplaire sur papier Whatman, non mis dans le commerce, de plus grand format que celui des autres tirages, avec une triple suite des planches hors texte : avec la lettre, avant la lettre *avec remarque* et EAUX-FORTES PURES et les *tirages à part* en double état des vignettes du texte : *avec remarque* et EAUX-FORTES PURES.

On y a ajouté les VINGT-DEUX DESSINS ORIGINAUX, au crayon et au lavis, de Paul Avril, des figures et planches ornant cet ouvrage.

1308. — Le Tombeau de Théophile Gautier. *Paris, Lemerre*, 1873, in-4, portr. mar. grenat, dos orné, fil. et comp. à la Du Seuil, dent int. tête dor. non rog. couverture.

Un des 20 exemplaires numérotés sur grand papier de Chine (n° 6).

1309. Gayda (Joseph). Ce Brigand d'amour. Huit eaux-fortes par Louis Legrand. *Paris, Monnier*, 1885, pet. in-4, pl. joli cart. cuir japonais, tête dor. non rog. couverture illustrée.

Un des 30 exemplaires numérotés sur grand papier du Japon (n° 1) avec les eaux-fortes en double état : noir et bistre.

1310. Gœthe. Les Souffrances du jeune Werther, traduites par le Comte Henri de La B... (Bédoyère). Seconde édition. *Paris, Crapelet*, 1845, in-8, 4 fig. de Tony Johannot, demi-rel. mar. vert, dos orné, fil. tête dor. ébarbé.

Exemplaire avec les figures en double état : avec la lettre et EAUX-FORTES, auquel on a ajouté les 3 figures de Moreau de la première édition, en épreuves avant la lettre.

1311. Gœtschy (Gustave). Les Jeunes peintres militaires : de Neuville, Detaille, Dupray. Préface de E. Bergerat. *Paris, Baschet*, 1878, in-fol. nombr. fig. dans le texte et pl. hors texte en photogravure, demi-rel. chag. r. avec coins, dos orné, plats toile, fil. tr. r.

1312. Goncourt (Edmond et Jules de). L'Art du dix-huitième siècle. Deuxième édition revue et augmentée. *Paris,*

Rapilly, 1873-74, 2 vol. gr. in-8, demi-rel. mar. grenat avec coins, dos orné, fil. tête dor. non rog. (*Chapalain.*)

Bel exemplaire sur GRAND PAPIER VERGÉ auquel on a ajouté : 1° un portrait d'Edmond de Goncourt, gr. à l'eau-forte et avant la lettre. 2° 14 figures ou vignettes d'Eisen, Gravelot, Greuze, Moreau, Saint-Aubin et Watteau, en épreuves anciennes. 3° 4 figures de Boucher, 3 de Fragonard, un portrait de Boucher et un de Moreau, gravés à l'eau-forte par T. de Mare, épreuves AVANT LA LETTRE sur JAPON, plus deux à l'état d'EAUX-FORTES. 4° un JOLI DESSIN au crayon de Gabriel-Louis de Saint-Aubin, première idée de : Surtout soyez discret. — En tout 27 pièces ajoutées.

1313. GONCOURT (Edmond et Jules de). L'Art du Dix-huitième siècle. Troisième édition, revue et augmentée et illustrée de planches hors texte. *Paris, Quantin*, 1880-1882, 2 tomes en 14 fascicules in-4, portr. et pl. en héliogravure et à l'eau-forte, mar. brun genre bradel, chiffre, tête dor. non rog. couvertures.

Exemplaire sur PAPIER DE HOLLANDE avec les portraits en double état : en noir avec la lettre, et en bistre AVANT LA LETTRE.

1314. — La Femme au Dix-huitième siècle. Nouvelle édition, revue, augmentée et illustrée de 64 reproductions sur cuivre par Dujardin d'après des originaux de l'époque. *Paris, Firmin-Didot*, 1887, in-4, portr. et pl. en héliogravure, br. couverture.

Un des 100 exemplaires numérotés sur GRAND PAPIER VÉLIN.

1315. — Germinie Lacerteux. Dix compositions par Janniot, gravées à l'eau-forte par L. Muller. *Paris, Quantin*, 1886, in-4, pl. cart. cuir japonais, non rog. couverture.

Exemplaire sur GRAND PAPIER DU JAPON avec les eaux-fortes en double état.

ENVOI AUTOGRAPHE d'EDMOND DE GONCOURT à Octave UZANNE.

1316. — Histoire de Marie-Antoinette. Édition ornée d'encadrements à chaque page par Giacomelli et de douze planches hors texte, reproductions d'originaux du XVIIIe siècle. *Paris, Charpentier*, 1878, in-4, portr. et pl. en noir et en couleur, demi-rel. mar. grenat avec coins, dos orné, fil. tête dor. non rog. couverture.

PREMIÈRE ÉDITION ILLUSTRÉE.

Bel exemplaire auquel on a ajouté : une *lettre de validation* sur vélin signée de MARIE-ANTOINETTE; 22 portraits de Louis XVI, Marie-Antoinette, la duchesse de Lamballe, Elisabeth-Hélène et

Charlotte de France, Louis XVII, la famille royale, Mirabeau, dont 17 anciens et 3 en couleur ; un DESSIN AU CRAYON représentant Marie-Antoinette, daté de 1790 ; un autre DESSIN AU CRAYON représentant la princesse Élisabeth ; 13 estampes dont 7 anciennes et 4 pièces historiques dont le fac-similé du Testament de Louis XVI.

1317. GONCOURT (Edmond et Jules de). Renée Mauperin. Edition ornée de dix compositions à l'eau-forte par James Tissot. *Paris, Charpentier*, 1884, in-8, pl. br. couverture.

Un des 50 exemplaires sur GRAND PAPIER DU JAPON (n° 35), avec une double suite des planches AVANT LA LETTRE, dont une sur JAPON portant la signature autographe de l'artiste.

1318. GONET (Gabriel de). Tableau de la littérature frivole en France, depuis le XIe siècle jusqu'à nos jours ; illustré de 45 compositions originales gravées à l'eau-forte spécialement pour cette édition, ou Musée des Chansons et des Poésies légères, recueillies et annotées par Gabriel de Gonet. *Paris, Marpon et Flammarion, s. d.* gr. in-4, pap. vél. pl. sur Chine, mar. bleu, dos orné, fil. à froid, fleurons dorés, lyre au centre des plats, dent. int. tr. dor. couverture illustrée.

Bel exemplaire.

1319. — Tableau de la littérature frivole en France depuis le XIe siècle jusqu'à nos jours... ou Musée des chansons et des poésies légères recueillies et annotées par Gabriel de Gonet. *Paris, Marpon et Flammarion, s. d.* 2 parties en 1 vol. gr. in-4, front. et 45 pl. gr. à l'eau-forte, mar. La Vall. genre bradel, chiffre, tête dor. non rog. couverture illustrée.

Un des 100 exemplaires sur GRAND PAPIER DE HOLLANDE.

1320. GOZLAN (Léon). Comment on se débarrasse d'une maîtresse, avec une préface sur la légèreté française. *Paris, Didier*, 1853, in-16, demi-rel. mar. bleu foncé, avec coins, tête dor. non rog. couverture. (*Allô*.)

ÉDITION ORIGINALE.

Bel exemplaire sur PAPIER VÉLIN FORT auquel on a ajouté : Ly'onell (Em. Daclin). L'Art de relever sa robe. *Paris, Poulet-Malassis*, 1862, in-16, couverture.

Le faux-titre de cet ouvrage contient un ENVOI AUTOGRAPHE de l'auteur à M. Théophile GAUTIER et la SIGNATURE de ce dernier sur la couverture.

Ex libris J. NOILLY.

1321. Grand Carteret (John). Les Mœurs et la Caricature en Allemagne, en Autriche, en Suisse, avec préface de Champfleury. Deuxième édition. *Paris, Westhausser*, 1885, gr. in-8, 314 fig. et 23 pl. en noir et en couleur, demi-cart. bradel, toile japonaise, non rog. couverture.

Exemplaire avec envoi autographe de l'auteur.
Ex-libris Octave Uzanne.

1322. — Les Mœurs et la Caricature en France. *Paris, Librairie illustrée*, 1888, in-4, front. 500 fig. et 43 pl. noires et en couleur, mar. La Vall. genre bradel, chiffre, tête dor. non rog. couverture.

1323. Gruel (Léon). Manuel historique et bibliographique de l'amateur de reliures. *Paris, Gruel et Engelmann*, 1887, in-4, fig. pl. en héliogravure noires, or et couleur, et fac-similés, br. couverture illustrée.

Un des 50 exemplaires numérotés sur grand papier du Japon (n° 6.)

1324. Halévy (Lud.). L'Abbé Constantin. *Paris, Calmann Lévy*, 1882, in-12, cart. pap. japonais, non rog. couverture.

Édition originale.
Exemplaire de M. Octave Uzanne, illustré de TROIS DESSINS ORIGINAUX d'Emile Mas et d'une pointe sèche de H. Boutet.
Envoi et lettre autographes de l'auteur.

1325. — L'Abbé Constantin, illustré par Madame Madeleine Lemaire. *Paris, Boussod, Valadon*, 1887, in-4, fig. et pl. br. couverture.

Un des 200 exemplaires numérotés sur grand papier du Japon (n° 58) avec deux suites d'épreuves avant toute lettre : en camaïeu sur Whatman et en bistre sur Japon, en feuilles dans un carton.

1326. — Criquette. *Paris, Calmann Lévy*, 1883, in-12, mar. brun genre bradel, chiffre, non rog.

Édition originale.
Un des 75 exemplaires numérotés sur papier de Hollande (n° 67) auquel on a ajouté HUIT AQUARELLES ORIGINALES de F. COINDRE sur papier de Hollande et une lettre autographe signée de l'auteur (2 pp. in-18) à un rédacteur du *Rappel*, en réponse à un article sur *Criquette;* nous y relevons le passage suivant : « ... Quant à vos critiques sur mon dénouement, comment ne pas les accepter de bonne grâce, quand je suis absolument de votre avis.. J'ai passé deux années à chercher un autre dénouement et je n'ai rien trouvé... »

1327. Halévy (Ludovic). La Famille Cardinal. *Paris, Calmann Lévy*, 1883, in-12 carré, br. couverture.

Édition originale.

On a ajouté à cet exemplaire une lettre autographe signée de l'auteur et une suite de 12 vignettes sur bois, sur Chine volant.

1328. — La Famille Cardinal. *Paris, Calmann Lévy*, 1883, in-12 carré, mar. brun genre bradel, chiffre, non rog. couverture.

Édition originale.

Un des 50 exemplaires numérotés sur papier du Japon (n° 41), orné de DIX-HUIT AQUARELLES de F. Coindre, auquel on a ajouté une lettre autographe signée de l'auteur (2 février 1858, 1 p. 1/4, in-18).

1329. — Princesse. *Paris, Boussod, Valadon et Cie*, 1886, in-4 de 67 pp. 5 pl. et nombr. vign. br. couverture.

Édition originale tirée à 50 exemplaires numérotés (n° 17).

1330. — Trois Coups de foudre. Dix dessins de Kauffmann gravés par T. de Marc. *Paris, Conquet*, 1886, in-16, front. et pl. et vign. gr. à l'eau-forte, cart. bradel recouvert d'étoffe brochée or et couleur, couverture non rog. (*Durvand-Thivet.*)

Un des 150 exemplaires numérotés sur papier du Japon (n° 116).

1331. Hamerton (P. G.). The Portfolio, an Artistic periodical. *London*, Seeley, 1875, in-fol. nombr. pl. à l'eau-forte et en photogravure, demi-rel. chag. r. avec coins, dos orné, plats toile, fil. tête dor. non rog.

1332. Hannon (Théodore). Rimes de joie, avec une préface de J. K. Huysmans, un frontispice et trois gravures à l'eau-forte de Félicien Rops. *Bruxelles, Gay et Doucé*, 1881, in-12, front. et pl. à l'eau-forte, vélin blanc à recouvr. titre calligraphié en couleur, fil. bleus, tête dor. non rog. (*Gilg.*)

Exemplaire sur grand papier du Japon auquel on a ajouté l'annonce de cet ouvrage illustrée à l'eau-forte par Félicien Rops et rehaussée de rouge.

1333. HARAUCOURT (Edmond). L'Effort : La Madone; l'Antéchrist; l'Immortalité; la Fin du monde. *Paris, publié pour les Sociétaires de l'Académie des Beaux-Livres,*

Bibliophiles contemporains, 1894, in-4, nombr. fig. en couleur, par Eugène Courboin, Alex. Lunois, Carlos Schwabe, Alex. Séon, br. couverture illustrée.

Curieux volume tiré à 160 exemplaires non mis dans le commerce.

Exemplaire de M. Alfred Piat (nº 115).

1334. HARAUCOURT (Edmond) Le Sire de Chambley (Edmond H...). La Légende des Sexes, poèmes hystériques (par Edmond Haraucourt). *Bruxelles, s. d.* (1882), in-8, br. couverture.

Édition tirée à 200 exemplaires numérotés et signés par l'auteur.

Exemplaire de Ch. Cousin (nº 47), auquel on a ajouté un frontispice d'après F. Rops et une intéressante LETTRE AUTOGRAPHE d'Edmond Haraucourt relative à l'ouvrage.

Sur le faux-titre un joli DESSIN ORIGINAL de Rassenfosse au crayon noir rehaussé de couleur, représente Ève et le serpent.

1335. Haussonville (Mme la Comtesse d'). Souvenirs d'une demoiselle d'honneur de Mme la Duchesse de Bourgogne (par Mme la comtesse d'Haussonville, née Louise de Broglie). Deuxième édition. *Paris, Michel Lévy*, 1861, in-12, mar. bleu, dos orné, fil. dent. int. tr. dor. (*David*).

On a ajouté à cet exemplaire 13 portraits en épreuves de choix : Louis XIV, duc et duchesse de Bourgogne, Mme de Maintenon, comtesse de Caylus, Catinat, duc d'Orléans, Saint-Simon, Fénelon, etc. gr. par Saint-Aubin, Massard, Boilly, Colin, etc. plusieurs AVANT LA LETTRE.

1336. Havard (Henry). L'Art dans la maison (Grammaire de l'Ameublement), par Henry Havard. Illustrations de MM. Corroyer, C. David, E. Prignot, Favier, Fichot, etc. *Paris, Rouveyre*, 1884, in-4, fig. et pl. noires et en couleur, br. couverture.

Un des 25 exemplaires numérotés sur GRAND PAPIER DU JAPON avec les planches en double état : avec et AVANT LA LETTRE.

1337. Heilly (Edmond Poinsot, dit Georges d'). Dictionnaire des Pseudonymes. Deuxième édition. *Paris, Dentu*, 1869, in-12, mar. La Vall. dos orné, fil. dent. int. tête dor. ébarbé, couverture. (*Courmont*.)

Exemplaire sur GRAND PAPIER DE CHINE.

1338. Hervilly (Ernest d'). Les Bêtes à Paris; 36 Sonnets, illustrés par G. Fraipont. *Paris, Launette, s. d.* in-4, nombr. pl. en couleur, demi-rel. mar. La Vall. avec coins, genre bradel, non rog. couverture illustrée. (*Bretault.*)

Un des 25 exemplaires sur GRAND PAPIER DU JAPON.

1339. HERVILLY (Ernest d') et A. GRÉVIN. Le Bon Homme Misère, légende en trois tableaux, en vers. *Paris, Charpentier*, 1877, in-12, mar. noir, dos orné, fil. sur les plats et fil. int. tête dor. ébarbé, couverture.

ÉDITION ORIGINALE.

ENVOI AUTOGRAPHE d'Ernest d'HERVILLY; figure sur Chine volant, par Grévin, représentant Talien dans le rôle du Bon Homme Misère, ajoutée.

1340. HISTOIRES DÉBRAILLÉES, par l'auteur de *Pommes d'Eve,* illustrées par de joyeux artistes. *Paris, Monnier*, 1884, gr. in-8, fig. à la sanguine, mar. bleu, dos et angles mosaïqués de mar. r. fil. comp. et milieu dor. dent. int. tête dor. non rog. couverture illustrée, étui. (*Smeers-Engel.*)

Bel exemplaire, un des 30 numérotés sur GRAND PAPIER DU JAPON (n° 1), auquel on a ajouté :

1° TREIZE DESSINS ORIGINAUX de DESTEZ, Fernand FAU, LEYRIS, J. ROY et TOFANO des illustrations de cet ouvrage. — 2° 27 *Fumés* en noir sur CHINE VOLANT. — 3° une AQUARELLE ORIGINALE peinte sur le faux-titre de la nouvelle : *Effet de brouillard.*

1341. HOUSSAYE (Arsène). La Comédie Française, 1680-1880. *Paris, Baschet,* 1880, in-fol. 32 portr. en photogravure sur Chine, fig. et pl. en noir et sanguine, demi-rel. mar. grenat avec coins, tête dor. non rog.

1342. — Les Comédiennes de Molière. *Paris, Dentu*, 1879, pet. in-8, 10 portr. à l'eau-forte, mar. brun genre bradel, chiffre, non rog. couverture.

Exemplaire sur TRÈS GRAND PAPIER DE HOLLANDE, de format grand in-4 (n° 34), avec la suite des portraits en double état AVANT LA LETTRE : noir et sanguine.

1343. — Les Comédiennes de Molière. *Paris, Dentu*, 1879, pet. in-8, 10 portr. gr. à l'eau-forte, br. couverture.

Exemplaire sur TRÈS GRAND PAPIER DE HOLLANDE (n° 27), de format grand in-4, avec la suite des portraits en double état AVANT LA LETTRE : noir et sanguine.

1344. HOUSSAYE (Arsène) Molière, sa femme et sa fille. *Paris, Dentu*, 1880, in-fol. fig. et pl. gr. à l'eau-forte, br. couverture illustrée.

Un des 75 exemplaires NUMÉROTÉS sur GRAND PAPIER WHATMAN avec les figures en double état : AVANT LA LETTRE en sanguine sur HOLLANDE et AVANT LA LETTRE en noir sur JAPON.

On y a ajouté une troisième épreuve du frontispice et de la femme de Molière en Néréide, tirée sur SATIN BLEU.

1345. HUGO (Victor). Angelo, tyran de Padoue, drame en quatre actes, en prose, raconté par Dumanet, caporal de la 1re du 3me, 22me régiment de ligne, orné de réflexions, sur le jeu des acteurs, par l'auteur des parodies de Marie Tudor, d'Angèle, des Mal-Contents, etc. *Paris, J. Laisné*, 1835, in-8, demi-rel. mar. bleu avec coins, tête dor. non rog. couverture. (*David*.)

Bel exemplaire de J. NOILLY.

1346. — L'Art d'être Grand-père. *Paris, Société de publications périodiques*, 1884, in-4, portr. et fig. en feuilles.

Un des 25 exemplaires numérotés sur GRAND PAPIER DU JAPON (n° 5).

1347. — Les Burgraves. trilogie. *Paris, Michaud*, 1843, in-8, mar. bleu jans. dent. int. tête dor. non rog. couverture. (*Marius Michel*.)

ÉDITION ORIGINALE. Bel exemplaire relié sur brochure, provenant de la bibliothèque de J. NOILLY, auquel on a ajouté un portrait-charge de Victor Hugo, grande lithographie pliée, contenant au bas le quatrain suivant :

Hugo, lorgnant les voûtes bleues,
Au Seigneur demande tout bas :
Pourquoi les astres ont des queues
Quand les Burgraves n'en ont pas ?

1348. — Les Barbus-Graves, parodie des Burgraves de M. Victor Hugo, par M. Paul Zéro. *Paris, aux bureaux de la Revue de la Province*, 1843, in-8, demi-rel. mar. bleu avec coins, tête dor. non rog. couverture. (*Canape-Belz*.)

ÉDITION ORIGINALE.
Bel exemplaire de J. NOILLY.

1349. — Les Hures-Graves, trifouillis en vers... et contre les Burgraves ; parodie en trois actes, par MM. Dumanoir, Siraudin et Clairville. Représentée pour la première fois, à Paris, sur le théâtre du Palais-Royal, le 21 mars 1843. *S. l. n. d.* (*Paris*, *Tresse*, 1843), gr. in-8 à 2 col. demi-rel. mar. bleu avec coins, tête dor. non rog. couverture. (*David.*)

Bel exemplaire de J. NOILLY.

1350. HUGO (Victor)Les Chansons des rues et des bois. *Paris*, *A. Lacroix*, *Verboeckhoven et Cie*, 1866, gr. in-8, mar. orange foncé, jans. dent. int. tête dor. non rog. couverture. (*Marius Michel.*)

PREMIÈRE ÉDITION publiée en France.
Bel exemplaire de J. NOILLY, sur papier vélin teinté, avec sa couverture imprimée, auquel on a ajouté le portrait de Victor Hugo gravé à l'eau-forte par Martinez, épreuve AVANT LA LETTRE, sur CHINE.

1351. — Victor Hugo revu et corrigé à la plume et au crayon par Gill. Les Chansons des Grues et des Boas. *Paris*, 1865, in-8 de 8 ff. pour le titre et le texte et 6 pl. lithog. cart. bradel perc. r. non rog. couverture. (*Pierson.*)

Bel exemplaire de Ph. BURTY.

1352. — Les Châtiments. *Paris*, *Hugues*, *s. d.* gr. in-8, front. fig. et pl. sur bois, mar. brun genre bradel, chiffre, tête dor, non rog.

PREMIÈRE ÉDITION ILLUSTRÉE.
Un des rares exemplaires sur GRAND PAPIER DU JAPON.

1353. — Dessins de Victor Hugo. Les Travailleurs de la Mer. Gravures de F. Méaulle. *Paris*, 1882, in-4, 64 pl. dont une en couleur, demi-rel. mar. noir avec coins, tête dor. non rog. (*Reymann.*)

Bel exemplaire, un des 70 tirés sur GRAND PAPIER DU JAPON (n° 18).

1354. — La Esmeralda, opéra en 4 actes, musique de Mademoiselle Louise Bertin, paroles de M. Victor Hugo, décors de MM. Philastre et Cambon. Représenté pour la première fois sur le théâtre de l'Académie royale de musique, le 14 novembre 1836. *Paris*, *Barba*, 1836, gr. in-8 à 2 col. demi-rel. mar. La Vall. avec coins genre bradel, non rog. couverture.

ÉDITION ORIGINALE.

1355. HUGO (Victor) Fanfan le Troubadour à la représentation de Hernani. Pot pourri en cinq actes. *Paris, Levavasseur et Gosselin*, 1830, in-8, demi-rel. mar. bleu avec coins, tête dor. non rog. couverture. (*David.*)

Parodie en vers.
Bel exemplaire de J. NOILLY.

1356. — Oh! qu'nenni, ou le Mirliton fatal, parodie d'Hernani en cinq tableaux, par MM. Brazier et Carmouche, représentée pour la première fois sur le théâtre de la Gaîté, le 16 mars 1830. *Paris, Riga*, 1830, in-8, demi-rel. mar. bleu avec coins, tête dor. non rog. (*David.*)

Bel exemplaire de J. NOILLY.

1357. — Histoire d'un Crime. Déposition d'un témoin. Édition illustrée par J.-P. Laurens, E. Bayard, Vierge, Adrien Marie, etc. *Paris, Hugues*, 1879, pet. in-4, portr. nombr. fig. et pl. sur bois, demi-rel. mar. r. avec coins, tête dor. non rog.

PREMIÈRE EDITION ILLUSTRÉE.
Bel exemplaire, un des 10 tirés sur GRAND PAPIER DE HOLLANDE (n° 7)..

1358. — Lucrèce Borgia, drame. *Paris, Eugène Renduel*, 1833, in-8, frontispice, cart. bradel perc. blanche, non rog.

ÉDITION ORIGINALE imprimée sur beau papier vélin et ornée d'un frontispice à l'eau-forte de Célestin Nanteuil, tiré partie sur chine et partie sur blanc.
Exemplaire NON ROGNÉ, auquel on a ajouté une figure gr. par Finden, d'après Raffet pour l'acte III, scène 2.
La marge extérieure du frontispice est refaite.

1359. — Tigresse Mort-aux-rats, ou Poison et contre-poison, médecine en quatre doses et en vers, par MM. Dupin et Jules, représentée pour la première fois à Paris, sur le Théâtre des Variétés, le 22 février 1833. *Paris, Barba*, 1833, in-8, demi-rel. mar. bleu jans. avec coins, tête dor. non rog. couverture. (*David.*)

Bel exemplaire de J. NOILLY.

1360. — Marie Tudor racontée par Mme Pochet à ses voisines, mesdames Chalamelle, la Lyonnaise, mesdemoiselles Reine et Verdet. Assaisonnée des commentaires et réflexions de ces dames. Conversation escamotée par un sténographe. *Paris, chez l'éditeur, s. d.* (1833), in-8, demi-rel. mar. bleu avec coins, tête dor. non rog. couverture. (*David.*)

Bel exemplaire de J. Noilly, avec sa couverture de papier gris, sans impression.

1361. Hugo (Victor). Gothon du passage Delorme, imitation en cinq endroits et en vers de Marion de Lorme, burlesque (avec des notes grammaticales), par MM. Dumersan, Brunswick et Céran, représentée, pour la première fois, à Paris, sur le théâtre des Variétés, le 29 août 1831. *Paris, Barba,* 1831, in-8, demi-rel. mar. bleu avec coins, tête dor. non rog. couverture. (*David.*)

Bel exemplaire de J. Noilly.

1362. — Mes fils. *Paris, Michel Lévy frères,* 1874, in-8 de 48 pp. mar. r. jans. dent. int. tr. dor. (*Marius Michel.*)

Édition originale.
Exemplaire sur grand papier de Chine.

1363. — Notre-Dame de Paris. Illustrations de Luc-Olivier Merson. *Paris, Ferroud,* 1889-1890, 2 vol. in-4, vign. et pl. à l'eau-forte, br. couvertures illustrées.

Un des 50 exemplaires sur grand papier vergé (n° xv), avec une double suite des eaux-fortes : avec et avant la lettre, auquel on a ajouté les pièces suivantes renfermées dans un carton perc. bleue, fers spéciaux :

1° Le *tirage à part,* sur Hollande, des 61 vignettes à l'eau-forte.
2° 2 planches *refusées,* en deux états : avec et avant la lettre.
3° Le portrait de Victor Hugo, gravé à l'eau-forte par E. Abot, d'après Devéria.

1364. — LES ORIENTALES (d'après l'édition originale), illustrées de huit compositions de MM. Gérôme et Benjamin Constant, gravées à l'eau-forte par M. de Los Rios. *Paris, imprimé pour les Amis des Livres, par Georges Chamerot,* 1882, gr. in-4, pl. mar. r. dos orné, encadrement de 9 fil. sur les plats et 9 fil. int. tr. dor. couverture. (*Chambolle-Duru.*)

Édition tirée à 135 exemplaires.
Bel exemplaire sur papier du Japon, imprimé au nom de M. Chevereau (n° 106), avec les planches en double état : avant la lettre et EAUX-FORTES.

1365. Hugo (Victor). Le Pape. *Paris*, *Calmann Lévy*, 1878, gr. in-8, mar. grenat, milieu doré, dent. int. tête dor. non rog. (*Gayler-Hirou.*)

Édition originale.

1366. — Le Pape. Vingt et une compositions dessinées et gravées par Jean-Paul Laurens. *Paris*, *Quantin*, 1885, in-4, pl. à l'eau forte, mar. brun genre bradel, chiffre, non rog. couverture.

Belle édition, tirée à 300 exemplaires.

Exemplaire numéroté sur grand papier Whatman, avec une double suite des eaux-fortes avant la lettre : sur Hollande et sur Japon.

1367. — Poésie. VII. Les Rayons et les Ombres. *Paris*, *Delloye*, 1840, in-8, mar. bleu clair jans. dent. int. tête dor. non rog. (*Marius Michel.*)

Édition originale imprimée sur papier vélin.

Bel exemplaire, relié sur brochure, provenant de la bibliothèque de J. Noilly, auquel on a ajouté : le portrait de Victor Hugo gravé à l'eau-forte par Ch. Courtry d'après le buste de David d'Angers, épreuve avant la lettre sur Chine ; le portrait de Charles X, dessiné et gravé par Montaut; le portrait de David d'Angers, sans noms; une figure pour la pièce *Rencontre*, gravée par Geoffroy d'après Steinheil.

1368. — Le Retour de l'Empereur. *Paris*, *Delloye*, 1840, in-8, mar. r. jans. dent. int. tr. dor. (*Hardy.*)

Édition originale.

1369. — Le Retour de l'Empereur. *Paris*, *Delloye*, 1840, in-8, mar. vert foncé, tête dor. dent. int. non rog. (*Marius Michel.*)

Édition originale.

Bel exemplaire de J. Noilly, avec trois figures ajoutées : Napoléon sur son lit de mort ; le prince de Joinville à bord de la *Belle-Poule*, par A. Riffaut; Sainte-Hélène, par Doherty d'après Gérard, publié par Furne.

1370. — LE ROI S'AMUSE. *Paris*, *Société de publications périodiques*, 1883, in-4, pl. et vign. à l'eau-forte et en photogravure, fac-similés, mar. r. jans. doublé de mar. bleu, fil. milieu et angles ornés de riches comp. d'arabesques et feuillage dor. à petits fers, non rog. étui doublé de peau de chamois. (*Pagnant.*)

EXEMPLAIRE UNIQUE imprimé sur PEAU DE VÉLIN pour

M. F. MÉAULLE, avec les planches AVANT LA LETTRE et la DÉDICACE AUTOGRAPHE suivante sur un feuillet de garde : *Au graveur excellent, à l'ami excellent.* — VICTOR HUGO.

On y a ajouté :

1° NEUF DESSINS ORIGINAUX au crayon et au lavis, par EMILE BAYARD.

2° HUIT DESSINS ORIGINAUX au lavis, par ADRIEN MARIE.

3° CINQ DESSINS ORIGINAUX à la plume et au lavis, par VOGEL.

4° DEUX DESSINS ORIGINAUX au lavis, par HENRY MEYER.

5° UN DESSIN ORIGINAL au crayon (*Triboulet*), par J. P. LAURENS.

6° SIX EXQUISSES ORIGINALES au lavis, par CHÉRET et LAVASTRE.

7° Les *tirages à part* sur PEAU DE VÉLIN des 5 figures en-têtes.

8° 5 planches en couleur de costumes des principaux personnages de la pièce, tirées sur PEAU DE VÉLIN.

1371. HUGO (Victor). Le Puff, revue en trois tableaux, par MM. Carmouche, Varin et Huart, ornée de Ruy-Blag, parodie en prose rimée de Ruy Blas, représentée pour la première fois, à Paris, sur le théâtre des Variétés, le 31 décembre 1838. *S. l. n. d.* (*Paris, Marchant*), gr. in-8 à 2 col. vignette sur bois, demi-rel. mar. bleu avec coins, tête dor. non rog. couverture. (*David.*)

Bel exemplaire de J. NOILLY.

1372. — Ruy-Brac, tourte en cinq boulettes, avec assaisonnement de gros sel, de vers et de couplets, par M. Maxime de Redon; représentée pour la première fois, à Paris, le 28 novembre 1838. *S. l. n. d.* (*Paris, Jules Didot l'aîné*), in-8 à 2 col. demi-rel. mar. bleu avec coins, tête dor. non rog. (*David.*)

Bel exemplaire de J. NOILLY.

1373. — Les Travailleurs de la Mer. Illustrations de Daniel Vierge. *Paris, Librairie illustrée*, 1876, gr. in-8, pap. vél. teinté, fig. sur bois, demi-rel. mar. r. avec coins genre bradel, couverture illustrée non rog. (*Carayon.*)

Bel exemplaire de la PREMIÈRE ÉDITION ILLUSTRÉE.

1374. ICONOGRAPHIE de la reine Marie-Antoinette. Catalogue descriptif et raisonné de la collection de portraits, pièces historiques et allégoriques, caricatures, etc. formée par lord Ronald Gower, précédé d'une lettre par M. Georges Duplessis, de la Bibliothèque nationale. *Paris, A. Quan-*

tin, 1883, in-4, portraits en noir et en couleur, br. couverture.

Bel ouvrage, orné de nombreuses reproductions en noir et en couleur d'après des originaux faisant partie de la collection.

Un des 50 exemplaires numérotés sur GRAND PAPIER DE HOLLANDE, (n° 5) avec les planches sur JAPON.

1375. JANIN (Jules). L'Amour des Livres. *Paris, Miard,* 1866, in-16 de 61 pp. pap. vergé, br. couverture.

Tiré à 204 exemplaires et devenu très rare.

1376. — Deburau. Histoire du Théâtre à Quatre sous, pour faire suite à l'Histoire du Théâtre Français (par Jules Janin). Seconde édition. *Paris, Gosselin,* 1832, 2 vol. in-12, front. et fig. sur bois à chaque vol. mar. r. dos orné, fil. dent. int. tr. dor. (*Belz-Niedrée.*)

Livre devenu très rare et très recherché.

1377. — Lamartine, 1790-1869. Portrait à l'eau-forte par Martial. *Paris, Jouaust,* 1869, in-12, portr. mar. r. dos orné. fil. dent. int. tr. dor. non rog. (*Belz-Niedrée.*)

Un des rares exemplaires sur PAPIER DE CHINE, avec le portrait AVANT LA LETTRE.

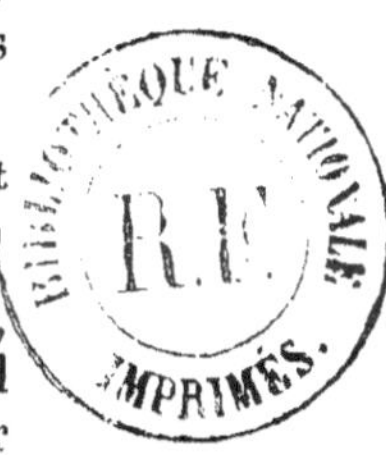

1378. — La Normandie, illustrée par MM. Morel-Fatio, Tellier, Gigoux, Daubigny, Debon, H. Bellangé, Alfred Johannot. *Paris, Bourdin, s. d.* gr. in-8, pap. vélin fig. sur bois, portr. et pl. gr. sur acier, noires et en chromolith. et cartes, chag. bleu, dos orné, fil. dent. int. tr. dor. couverture illustrée. (*Koehler.*)

Exemplaire de JULES JANIN avec son *ex-libris.*

1379. — Les Petits Bonheurs. Illustrations de Gavarni. *Paris, Morizot,* 1857, gr. in-8, jolies pl. sur acier, mar. brun genre bradel, chiffre, tête dor. non rog. couverture.

PREMIER TIRAGE.

1380. — Rachel et la tragédie. Ouvrage orné de dix photographies représentant Mlle Rachel dans ses principaux rôles. *Paris, Amyot,* 1860 in-4, pl. mar. noir, dos orné, fil. et comp. à fr. dent. int. tr. dor.

1381. JANIN (Jules). La Sorbonne et les gazetiers. *Paris, Académie des Bibliophiles*, 1867, in-32, pap. de Hollande, mar. r. jans. dent. int. tête dor. non rog. (*Cuyls.*)

Tiré à petit nombre.

1382. JAYBERT (B.). Trois Dizains de Contes gaulois (par Jaybert). Illustrations de Le Natur. *Paris, Rouveyre*, 1882, in-12, front. à l'eau-forte et nombr. vign. br. couverture illustrée.

Un des 50 exemplaires sur GRAND PAPIER DU JAPON (nº 23).

1383. JOLIET (Charles). ROMAN INCOHÉRENT. *Paris, Jules Lévy*, 1887, in-12, portr. et fig. de Steinlen, br. couverture illustrée.

ÉDITION ORIGINALE.
Exemplaire auquel on a ajouté CENT HUIT DESSINS ORIGINAUX à la plume de STEINLEN des humoristiques illustrations de cet ouvrage.

1384. JOUIN (Henry). David d'Angers, sa vie, son œuvre, ses écrits et ses contemporains. Deux portraits du Maître, d'après Ingres et Ernest Hébert; 23 planches hors texte et un fac-similé d'autographe gravés par A. Durand. *Paris, Plon*, 1878, 2 vol. in-4, portr. en photogravure et pl. à l'eau-forte, demi-rel. chag. r. tête peigne, ébarbé.

On a ajouté à cet exemplaire une LETTRE AUTOGRAPHE signée de DAVID D'ANGERS relative au médaillon du général Gourgaud.

1385. JULLIEN (Adolphe). La Comédie et la galanterie au XVIIIe siècle, au théâtre, dans le monde, en prison. *Paris, Rouveyre*, 1879, gr. in-8, front. et vign. mar. bleu, dos orné, large dent. à petits fers et au pointillé sur les plats et dent. int. tête dor. non rog. couverture.

Bel exemplaire, un des 15 numérotés sur GRAND PAPIER DE CHINE avec le frontispice en quatre états dont 3 AVANT LA LETTRE, chacun d'une couleur différente et les *tirages à part* du fleuron et du cul-de-lampe en deux états : bistre et sanguine.

1386. — 1770-1790. L'Opéra secret au XVIIIe siècle. Aventures et intrigues secrètes racontées d'après les papiers inédits conservés aux archives de l'Opéra. *Paris, Rou-*

veyre, 1880, front. et vign. gr. à l'eau-forte, br. couverture illustrée.

Un des 15 exemplaires sur GRAND PAPIER DE CHINE avec le frontispice et les vignettes en triple état : avec la lettre en noir et AVANT LA LETTRE en bistre et sanguine.

1387. KARR (Alphonse). VOYAGE AUTOUR DE MON JARDIN. — 3 vol. pet. in-4 obl. cart. demi-toile verte, non rog.

IMPORTANT MANUSCRIT AUTOGRAPHE, avec ratures et corrections, composé de 649 feuillets écrits au recto seulement.

1388. KLEIST (Henri de). La Cruche cassée, comédie en un acte, traduite de l'allemand par Alfred de Lostalot, avec 34 illustrations gravées sur bois, d'après les compositions originales de Adolphe Menzel. *Paris*, *Firmin-Didot*, 1884, in-fol. à 2 col. texte encadré d'un fil. r. nombr. fig. et pl. cart. demi-bradel perc. verte, tête dor. ébarbé.

1389. LABAT (Eug.) et Louis ULBACH. Don Almanzor, opéra-bouffe en un acte. Musique de M. Renaud de Vilbac. *Paris*, 1858, in-12, mar. r. dos orné, fil. comp. large milieu dor. à petits fers, dent. int. tr. dor.

ÉDITION ORIGINALE.
Ex-libris Louis ULBACH.

1390. LACOUR (Louis). Études sur Molière. Le Tartuffe par ordre de Louis XIV. Le Véritable prototype de l'imposteur, recherches nouvelles, pièces inédites. *Paris*, *Claudin*, 1877, in-16, front. à l'eau-forte, mar. grenat jans. dent. int. tr. dor.

Exemplaire sur papier vergé teinté avec le frontispice en triple état : avec la lettre et AVANT LA LETTRE sur CHINE et en sanguine.

1391. LACROIX (Paul) : Bibliographie moliéresque. Seconde édition. — Iconographie moliéresque. Seconde édition. — *Paris*, *Fontaine*, 1875-1876. — Ens. 2 vol. in-8, pap. de Hollande, portr. gr. à l'eau-forte et fac-similé, mar. brun genre bradel, chiffre, non rog. couvertures. (*Lemardeley*.)

Tirés à petit nombre.

1392. Lacroix (Paul). Directoire, Consulat et Empire. Mœurs et usages, lettres, sciences et arts. *Paris, Firmin-Didot*, 1884, in-4, fig. et pl. noires et en chromolith. br. couverture.

Premier tirage.
Exemplaire numéroté sur grand papier vélin.

1393. — Galerie des Femmes de George Sand. Collection de 24 magnifiques portraits gravés sur acier par H. Robinson... avec un texte par le Bibliophile Jacob (P. Lacroix). Illustré de vignettes dessinées par MM. Français, Nanteuil, Morelfala et gravées par Chevin. *Paris, Lacroix, Verboeckhoven et Cie, s. d.* in-4, pl. sur acier et fig. sur bois, mar. brun genre bradel, chiffre, tête dor. non rog.

Exemplaire sur grand papier.

1394. — Moyen age et Renaissance : Les Arts. — Mœurs, usages et costumes. — Vie militaire et religieuse. — Sciences et lettres. — XVIIIe siècle : Institutions, usages et costumes. — Lettres, sciences et arts. — *Paris, Firmin-Didot*, 1869-1878. — Ens. 6 vol. in-4, nombr. fig. et pl. en noir et en couleur, demi-rel. mar. r. avec coins, dos fleurdelisé, fil. tête dor. ébarbé. (*Rel. unif.*)

1395. — La Véritable édition originale des Œuvres de Molière. Étude bibliographique par P. L. Jacob (P. Lacroix). *Paris, Auguste Fontaine*, 1874, in-12, pap. de Hollande, mar. r. dos orné, fil. dent. int. tr. dor. (*Adolphe Bertrand.*)

Ouvrage tiré seulement à 200 exemplaires numérotés sur papier de Hollande (nº 163).

1396. Lafenestre (Georges). Le Livre d'or du Salon de peinture et de sculpture... orné de planches à l'eau-forte, gravées par Boilvin, Courtry, Duvivier, F. Flameng, Gaucherel... sous la direction de M. Edmond Hédouin. *Paris, Librairie des Bibliophiles*, 1879-1890, 12 vol. gr. in-8, nombr. pl. gr. à l'eau-forte, br.

Les douze premières années.

1397. La Ferrière-Percy (Le Cte H. de). Marguerite d'Angoulême (sœur de François Ier). Son Livre de dépenses (1540-1549). Etude sur ses dernières années. *Paris,*

Aubry, 1862, in-8, portr. mar. vert, dos orné, fil. dent. int. non rog. (*Capé.*)

Exemplaire sur PEAU DE VÉLIN avec les armes et le chiffre de Marguerite d'Angoulême sur les plats de la reliure.

1398. La Fizelière (Albert de). Vins à la mode et cabarets au xviie siècle. Frontispice à l'eau-forte de Maxime Lalanne. *Paris, Pincebourde*, 1866, pet. in-12, front. mar. vert, dos orné, fil. dent. int. tr. dor. (*Belz-Niedrée.*)

Exemplaire sur PEAU DE VÉLIN avec le frontispice en triple état : noir, bistre et sanguine.

1399. LAMARTINE (A. de). HARMONIES SACRÉES. — Pet. in-4, mar. violet à grain long, fil. dor. et comp. à fr. tr. dor.

MANUSCRIT AUTOGRAPHE avec ratures et corrections, comprenant 67 ff. non ch. écrits aux r^os et aux v^os, et contenant 20 *Harmonies* classées dans un autre ordre que dans les éditions imprimées.

Il porte en tête la mention suivante : *Autographe unique*, et audessous : *A M. Adolphe Rion, hommage d'amitié et de reconnaissance. De Lamartine. Le 25 mai 1865* (*Pons*). — *A Monsieur Louis Leroy. Paris, 2 août 1876. Ad. Rion.*

1400. — Jocelyn, épisode. *Paris, Gosselin, Furne et Cie*, 1841, gr. in-8, pl. et vign. gr. sur bois, demi-rel. mar. violet avec coins, fil. tête dor. ébarbé.

Bel exemplaire du PREMIER TIRAGE, avec les légendes sur papier de soie.

1401. — Le Lac. *Paris, Curmer*, 1860, in-fol. pl. sur Chine, en feuilles, dans un carton.

Beau volume imprimé avec le plus grand luxe et tiré seulement à 225 exemplaires. Les strophes au nombre de 16 sont accompagnées d'ornements en bistre et de 16 planches gravées à l'eauforte par Alexandre de Bar d'après ses dessins originaux.

1402. — Méditations. — In-8 obl. cart.

Manuscrit autographe, daté de *Saint-Point*, 1837 et 1838. Il se compose de 40 ff. écrits au recto seulement et renferme trois méditations.

La première : *à Vizieu, après la mort de Vignet*, commence ainsi :

Aimons-nous ! nos rangs s'éclaircissent.

. . . .

et se termine au 124e vers par :

Où le cœur appelle toujours !

La seconde : *A M. Bouchard de Mâcon*, comprend 300 vers, dont voici le premier :

Frère ! ce que je vois, oserai-je le dire ?

. . . .

et le dernier :

Et s'y confondre pour agir !

La troisième : *La Femme. A M. de Caisnes après avoir vu son tableau de la Charité*, débute ainsi :

O femme ! éclair vivant dont l'éclat me renverse !

. . . .

et finit au 90e vers :

Ah ! gardons l'un pour l'homme et brûlons l'autre à Dieu !

On a ajouté à ce manuscrit un agenda de format in-12 pour l'année 1834, couvert de NOTES AUTOGRAPHES de LAMARTINE : rendez-vous, lettres à écrire, adresses, visites, affaires particulières, etc. etc. — Il comprend 49 ff. écrits au recto et au verso.

1403. LAMARTINE (A. de). MÉDITATIONS POÉTIQUES (par A. de Lamartine). *Paris, au Dépôt de la Librairie*, 1820. — Nouvelles Méditations poétiques, par Alphonse de Lamartine. *Paris, Urbain Canel*, 1823. — Ens. 2 vol. in-8, mar. bleu, dos orné, encadrement de 8 fil. sur les plats, dent. int. tr. dor. (*Belz-Niedrée.*)

ÉDITIONS ORIGINALES.

Très beaux exemplaires reliés sur brochure et avec toutes leurs marges.

On a ajouté au premier volume un portrait de Lamartine jeune, gravé sur acier, AVANT TOUTE LETTRE, et au second volume : 1° le même portrait, AVANT TOUTE LETTRE, sur CHINE ; 2° une LETTRE D'ENVOI AUTOGRAPHE signée de l'auteur à Charles NODIER, datée de *Saint-Point, 30 décembre 1823* et composée de dix vers; 3° 10 figures et vignettes par Desenne, Cotin, etc., en épreuves sur CHINE, AVANT LA LETTRE et 2 culs-de-lampe sur CHINE.

1404. — Œuvres poétiques. *Paris, Furne, Hachette et Cie*, 1876-1879, 5 vol. in-8, texte encadré d'un fil. r. br. couvertures.

Harmonies poétiques et religieuses. — Jocelyn. — La Chute d'un Ange. — La Mort de Socrate, etc. — Recueillements poétiques, etc.

Un des 100 exemplaires numérotés sur GRAND PAPIER DE CHINE de format in-8 jésus (n° 29).

1405. LAMARTINE (A. de). PAYSAGES, IMPRESSIONS ET PENSÉES pendant un Voyage en Orient, 1832 et 1833, ou notes d'un Voyageur (M. de Lamartine). — 2 vol. gr. in-4, demi-rel. mar. violet à long grain avec coins, dos orné.

MANUSCRIT AUTOGRAPHE du *Voyage en Orient*, comprenant plus de 800 feuillets écrits au r° seulement, avec ratures et corrections. Il est précédé de DEUX LETTRES AUTOGRAPHES de Mme de Lamartine relatives à l'ouvrage, l'une adressée à Gosselin et l'autre à Jules Janin; cette dernière, datée de Paris, 15 mai 1835, 4 pp. in-4, est particulièrement intéressante.

1406. — Raphaël, pages de la vingtième année. Dix compositions par Ad. Sandoz gravées à l'eau-forte par Champollion. *Paris, Quantin, s. d.* gr. in-8, pl. br. couverture.

De la collection des *Chefs-d'œuvre du Roman contemporain*.
Un des 50 exemplaires sur GRAND PAPIER DU JAPON (n° 7) avec une double suite des planches épreuves terminées AVANT LA LETTRE sur HOLLANDE et AVANT TOUTE LETTRE sur JAPON.

1407. LA SAUSSAYE (L. de). Le Château de Chambord. Huitième édition, revue, corrigée et augmentée de pièces justificatives. *Lyon, Perrin*, 1859, in-8, front. à l'eau-forte, mar. bleu, dos orné, fil. et milieu dor. dent. int. tr. dor. couverture. (*Capé.*)

Tiré à 100 exemplaires sur beau papier vergé.
Bel exemplaire portant au centre des plats de la reliure le chiffre couronné de François Ier.

1408. LAS CASES (Le Cte de). Mémorial de Sainte-Hélène; suivi de Napoléon dans l'exil, par MM. O' Méara et Antomarchi, et de l'historique de la translation des restes mortels de l'Empereur Napoléon aux Invalides. *Paris, Bourdin*, 1842, 2 vol. gr. in-8, front. fig. et pl. sur bois, tirées sur Chine, demi-rel. bradel, mar. r. avec coins, ébarbé.

PREMIER TIRAGE.

1409. LATOUR (Ant. de). Luther, étude historique. *Paris, Impr. Moquet*, 1835, in-12, pap. vélin, front. v. La Vall. à recouvr. non rog. (*Pierson.*)

ÉDITION ORIGINALE, très rare, tirée seulement à 100 exemplaires non mis dans le commerce. — Curieux frontispice gravé sur bois.

1410. LAUGIER (Eugène). Documents historiques sur la Comédie-Française, pendant le règne de S. M. l'Empereur Napoléon Ier, précédés de tous les actes constitutifs qui régissent la Société du Théâtre-Français, depuis sa fondation, le 25 août 1680, jusqu'à nos jours. *Paris, Firmin-Didot*, 1853, gr. in-8, mar. bleu, dos orné, fil. et large dent. à petits fers et au pointillé sur les plats, doublé et gardes de moire blanche, dent. tr. dor. (*Capé.*)

EXEMPLAIRE DE DÉDICACE sur PAPIER VÉLIN FORT, revêtu d'une jolie reliure aux armes de l'Empereur NAPOLÉON III.

1411. LAVOIX (Henri). La Première représentation du Misantrope, 4 juin 1666. *Paris, Lemerre*, 1877, pet. in-12, mar. grenat jans. dent. int. tr. dor.

1412. LAVOLLÉE (C.). Les Expositions de l'Industrie et l'Exposition Universelle de 1867. *Paris, Hachette*, 1867, pet. in-12 de 52 pp. mar. bleu, dos orné, fil. dent. int. tr. dor. (*Thibaron.*)

Bel exemplaire avec un ENVOI AUTOGRAPHE de l'auteur.
Ex-libris G. MOREAU-CHASLON.

1413. LEBAILLY (Armand). Madame de Lamartine. Eau-forte par G. Staal. *Paris, Bachelin-Deflorenne*, 1864, pet. in-12, portr. v. bleu, dos orné, fil. dent. int. tr. dor.

On a ajouté un second portrait de Mme de Lamartine, gravé sur acier par Conquy d'après Richomme.

1414. LE BON (Dr Gustave). La Civilisation des Arabes. Ouvrage illustré de 10 chromolithographies, 4 cartes et 366 gravures dont 70 grandes planches. *Paris, Firmin-Didot*, 1884, in-4, fig. et pl. noires et en couleur, demi-bradel perc. rose avec coins, non rog. (*Pierson.*)

Exemplaire sur GRAND PAPIER DU JAPON.

1415. LELIUS. Les Maîtres dans les arts du dessin. Édition illustrée de 25 portraits gravés sur acier d'après les Tableaux originaux du Louvre et des Galeries de Florence. Frontispice d'après Paul Véronèse. *Paris, Rigaud*, 1868, in-fol. front. et pl. demi-rel. chag. vert, dos orné, plats toile, fers spéciaux, tr. dor.

1416. Lemercier de Neuville. Théâtre des Pupazzi. *Lyon, Scheuring*, 1876, in-8, pap. de Hollande teinté, portr. et vign. gr. à l'eau-forte, mar. brun genre bradel, chiffre, tête dor. non rog. couverture illustrée.

Premier tirage.

1417. Lemonnier (Camille). Les Concubins : La Glèbe. — Un Pèlerinage. — Les Pidoux et les Colasses. Illustrations de Fernand Fau. *Paris, Monnier*, 1886, in-8, portr. et fig. demi-rel. mar. bleu avec coins, dos orné, fil. tête dor. non rog. couverture en couleur illustrée.

Un des 30 exemplaires numérotés sur papier du Japon (n° 1), auquel on a joint tous les *fumés* des illustrations du texte, plus le *fumé* d'un dessin qui n'a pas été reproduit.

1418. Lheureux (Paul). La Prise de la Bastille. Illustrations de Frim. *Paris, Magnier*, 1889, pet. in-4, fig. cart.

Exemplaire auquel on a ajouté les QUATORZE DESSINS ORIGINAUX à la plume de Frim des illustrations de cet album.

1419. Livet (Guillaume). Les Récits de Jean Féru, illustrés par Edouard Detaille, Henri Gervex, Gray, P. Merwart, Louis Dumoulin, Thivier, etc. *Paris, Marpon et Flammarion, s. d.* in-16, front. et fig. mar. brun genre bradel, chiffre, tête dor. non rog. couverture illustrée.

Exemplaire sur papier teinté portant sur un feuillet de garde un envoi autographe signé de l'auteur et contenant DIX DESSINS ORIGINAUX à la plume des illustrations.

1420. Lorentz (A.-J.). Polichinel, ex-roi des Marionnettes, devenu philosophe. *Paris, Willermy*, 1848, gr. in-8, nombr. fig. sur bois, demi-rel. mar. vert avec coins, dos orné, fil. tête dor. ébarbé. (*Reymann*).

Édition originale de cette satire contre Louis-Philippe et son gouvernement.

Bel exemplaire du premier tirage.

1421. — Vicissitudes historicophilocomiques du Tourlourou Kerserein. Feuilletonnet croqué par Lorentz. — In-4, demi-rel. bas.

Suite de 83 caricatures dessinées à la plume et à l'encre de Chine sur 77 ff. par A. J. Lorentz, caricaturiste, né en 1812, auteur de

Polichinel, ex-roi des Marionnettes. Chaque dessin est accompagné d'une légende manuscrite autographe de l'auteur.

Cette satire, composée vers 1849, est, croyons-nous, restée INÉDITE.

1422. LOTI (Pierre). Les Trois Dames de La Kasbah, conte oriental. *Paris, Calmann Lévy*, 1884, in-12 carré, demi-rel. mar. vert, genre bradel avec coins, non rog.

ÉDITION ORIGINALE.

1423. MAGNIER (Maurice). L'Épousée; avec onze illustrations dans le texte, par A. Guillaumot fils. *Paris, Lemonnyer*, 1884, pet. in-4, fig. en couleur, mar. brun genre bradel, chiffre, non rog. couverture.

Un des 50 exemplaires numérotés sur PAPIER DU JAPON (n° 14), avec le *tirage à part* en noir des figures en couleur du texte.

1424. MAHÉRAULT. L'Œuvre de Moreau le jeune. Catalogue raisonné et descriptif, avec notes iconographiques et bibliographiques, orné d'un portrait de l'auteur par Le Rat et précédé d'une notice biographique, par Émile de Najac. *Paris, Adolphe Labitte*, 1880, in-4, portr. gr. à l'eau-forte, chag. brun genre bradel, chiffre, tête dor. non rog. couverture.

Exemplaire sur GRAND PAPIER WHATMAN.

1425. MAINDRON (Ernest). Les Affiches illustrées. Ouvrage orné de 20 chromolithographies par Jules Chéret et de nombreuses reproductions en noir et en couleur d'après les documents originaux. *Paris, Launette*, 1886, gr. in-4, pap. vélin, fig. et pl. mar. La Vall. genre bradel, chiffre, tête dor. non rog. couverture.

Ouvrage tiré à un petit nombre d'exemplaires numérotés.

1426. MAISONNEUVE (Th.). Amours de fauves. Illustrations par Bac, Fau et Galice. *Paris, De Brunhoff*, 1886, gr. in-8 carré, fig. br. couverture illustrée.

Exemplaire auquel on a ajouté les TREIZE DESSINS ORIGINAUX des meilleures compositions de GALICE ornant cet ouvrage.

1427. MAIZEROY (René). Les Parisiennes. Le Boulet. *Paris, Havard*, 1886, in-12, demi-rel. mar. vert avec coins, non rog. couverture. (*Bouillet.*)

ÉDITION ORIGINALE.

Exemplaire sur PAPIER DE HOLLANDE, orné de TRENTE-DEUX AQUARELLES non signées, dans le texte.

1428. MANGIN (Arthur). Le Désert et le Monde sauvage. Illustrations par MM. Yan'Dargent, Foulquier et W. Freeman. *Tours, Mame*, 1866, gr. in-8, fig. et pl. sur bois, mar. r. dos orné à petits fers, fil. dent. int. tr. dor.

Bel exemplaire du PREMIER TIRAGE.

1429. — LES JARDINS, histoire et description. Dessins par Anastasi, Daubigny, V. Foulquier, Français, W. Freeman, H. Giacomelli, Lancelot. *Tours, Mame*, 1867, in-fol. fig. et pl. sur bois, en feuilles.

Un des très rares exemplaires sur PAPIER DE CHINE.

1430. MANNE (E. D. de). Galerie historique des portraits des comédiens de la troupe de Voltaire, gravés à l'eau-forte, sur des documents authentiques, par Frédéric Hillemacher avec des détails biographiques inédits, recueillis sur chacun d'eux. *Lyon, Scheuring*, 1861, pap. vergé teinté, portr. mar. r. dos orné, fil. dent. int. tr. dor. (*Hardy-Mennil.*)

PREMIÈRE ÉDITION.

1431. — Galerie historique des portraits des comédiens de la troupe de Voltaire... *Lyon, Scheuring*, 1861, in-8, pap. vergé teinté, portr. mar. olive, dos orné, fil. et comp. à la Du Seuil, doublé et gardes de satin cerise, broché, dent. tr. dor. (*Bruyère*).

PREMIÈRE ÉDITION.

Bel exemplaire aux armes de DON FRANÇOIS D'ASSISE, roi d'Espagne.

1432. — et C. MÉNÉTRIER. Galerie historique des comédiens de la troupe de Nicolet. Notices sur certains acteurs et mimes qui se sont fait un nom dans les annales des scènes secondaires, depuis 1760 jusqu'à nos jours, avec des portraits gravés à l'eau-forte par Frédéric Hillemacher. *Lyon*,

Scheuring, 1869, in-8, pap. de Hollande, portr. mar. r. dos orné, fil. et comp. à la Du Seuil, dent. int. tr. dor. (*Smeers.*)

Première édition.

1433. Manne (E. D. de) et C. Ménétrier. Galerie historique des comédiens de la troupe de Nicolet... *Lyon, Scheuring*, 1869, in-8, pap. de Hollande teinté, vign. et portr. à l'eau-forte, mar. r. dos orné, fil. dent. int. tr. dor. couverture. (*Cuzin.*)

Première édition.
Bel exemplaire.

1434. — Galerie historique des Acteurs français, mimes et paradistes qui se sont rendus célèbres dans les annales des scènes secondaires depuis 1760 jusqu'à nos jours, pour servir de complément à la troupe de Nicolet, ornée de portraits gravés à l'eau-forte, par J.-M. Fugère. *Lyon, Scheuring*, 1877, in-8, pap. vergé teinté. portr. à l'eau-forte, mar. r. dos orné, fil. dent. int. tr. dor. (*Chambolle-Duru.*)

Première édition.
Bel exemplaire.

1435. — Galerie historique de la Comédie-Française, pour servir de complément à la troupe de Talma, depuis le commencement du siècle jusqu'à l'année 1853, ornée de portraits gravés à l'eau-forte par M. Fugère. *Lyon, Scheuring*, 1876, in-8, portr. mar. r. dos orné, fil. dent. int. tr. dor. (*Smeers.*)

Première édition.

1436. Mantz (Paul). Les Chefs-d'œuvre de la peinture italienne. Ouvrage contenant 20 planches chromolithographiques exécutées par F. Kellerhoven, 30 planches sur bois et 40 culs-de-lampe et lettres ornées. *Paris, Firmin-Didot*, 1870, in-fol. fig. et pl. noires et en couleur, cart. perc. verte, fers spéciaux, non rog.

1437. Marie (Adrien). Une Journée d'enfant. Compositions inédites; vingt planches en héliogravure par Dujardin. *Paris, Launette*, 1883, in-4, pl. en couleur montées sur onglets, cart. pap. du Japon illustré.

Exemplaire numéroté sur papier impérial du Japon (n° 44).

1438. Marius (Prosper). Ronces et Gratte-Culs. Ornés de 25 gravures en taille-douce. Préface de Charles Monselet *Paris, Lemonnyer,* 1884, in-4, portr. et fig. br. couverture illustrée.

Un des 100 exemplaires numérotés sur papier vélin blanc (n° 585), imprimés pour les amis de l'auteur et non mis dans le commerce, auquel on a joint la gamme des tons employés pour l'impression de l'ornementation en couleur de la couverture. Il porte sur un feuillet de garde un envoi autographe signé de l'auteur *A l'ami...* (nom gratté).

1439. Marius-Michel. La Reliure française depuis l'invention de l'imprimerie jusqu'à la fin du XVIIIe siècle. — La Reliure française commerciale et industrielle depuis l'invention de l'imprimerie jusqu'à nos jours. — *Paris, Morgand et Fatout,* 1880-81. — Ens. 2 vol. in-4, pap. vélin teinté, front. à l'eau-forte, pl. en héliogravure et en couleur, fig. mar. brun, genre bradel, chiffre, tête dor. non rog. couvertures.

1440. Mars (Maurice Bonvoisin, dit). Aux Rives d'or. Le Littoral méditerranéen de Marseille à Gênes. *Paris, Plon, s. d.* (1888), in-4, fig. en couleur, br. couverture.

Un des 12 exemplaires numérotés sur grand papier du Japon (n° 9), orné sur un f. de garde d'une jolie AQUARELLE ORIGINALE de Mars, accompagnée d'un billet autographe de cet artiste à M. Piat.

1441. Martial (A.-P.). Les Boulevards de Paris. Histoire, état présent, maisons grandes et petites, hôtels, jardins, théâtres, célébrités, etc. etc. Texte et eaux-fortes sous la direction de E. de Saulnat et A.-P. Martial. *Paris,* 1877, gr. in-8, 20 pl. gr. à l'eau-forte, mar. La Vall. genre bradel, chiffre, tête dor. non rog. couverture.

1442. Matrone (La) du Pays de Soung. Les Deux Jumelles (contes chinois) ; avec une préface, par E. Legrand. *Paris, Lahure,* 1884, in-8, nombr. fig. et pl. en couleur, mar. orange, dos orné et mosaïqué de mar. bleu, fil. et comp. à la Du Seuil, dent. int. tr. dor. couverture illustrée.

De la *Collection Lahure.*

1443. **MAUPASSANT** (Guy de). Bel-Ami. *Paris, Havard,* 1885, in-12, fig. mar. vert clair jans. dent. int. tr. dor. couverture.

Édition originale.

Exemplaire sur papier de Hollande, illustré de ONZE AQUARELLES ORIGINALES de F. Coindre, dont sept à pleines pages.

1444. — Clair de Lune. Illustrations de Arcos, Gambard, Grasset, Jeanniot, Le Natur... *Paris, Monnier,* 1884, in-8 carré, fig. mar. brun genre bradel, chiffre, tête dor. non rog. couverture illustrée.

Édition originale.

1445. — Clair de Lune. Illustrations de Arcos, Boutet de Monvel, Gambard, Grasset, Jeanniot, Adrien Marie, Mars... *Paris, Monnier,* 1884, pet. in-4, fig. br. couverture illustrée.

Édition originale.

Exemplaire auquel on a ajouté les *tirages à part,* en sanguine, sur Japon, de 14 figures; 2 *fumés* et un second état de la couverture.

1446. — CONTES CHOISIS, publiés par les Bibliophiles contemporains : Le Loup, Hautot père et fils, Allouma, Mouche, la Maison Tellier, Un Soir, le Champ d'Oliviers, Mademoiselle Fifi, l'Epave, une partie de Campagne. *Paris, imprimé aux frais et pour les Sociétaires de l'Académie des Beaux-Livres,* 1891-1892, 10 plaquettes gr. in-8, front, fig. et pl. en couleur, br. couvertures, dans un étui-boîte couvert de mar. r. 4 fil.

Collection des 10 contes de Maupassant publiés par la *Société des Bibliophiles contemporains,* et tirés pour les seuls membres de la Société. Chaque conte porte une pagination distincte, a une couverture de couleur et d'ornementation différentes, et offre un type particulier d'impression, d'illustration et de gravure. Pour pouvoir donner à l'ouvrage complet une apparence homogène, il a été fait un titre général portant le nom imprimé du sociétaire, une couverture d'ensemble et un beau frontispice gravé par Paul Avril, d'après Félicien Rops, tiré en couleur. Les artistes qui ont contribué à l'illustration de ces contes sont : Evert Van Muyden, G. Jeanniot, P. Avril, F. Gueldry, P. Vidal, G. Scott, P. Gervais, A. Gérardin et C. Morel.

Exemplaire n° 122, au nom de M. Alfred Piat, membre de la Société. On y trouve une épreuve en couleur de la deuxième planche hors texte pour le conte *Mademoiselle Fifi* et, pour les deux derniers contes qui n'ont pas été illustrés : 1° une suite de 6 lithographies, dont un frontispice par A. Lunois, pour l'*Epave*, épreuves d'artistes tirées sur Japon avec remarques ; 2° un frontispice d'Henri Boutet, gravé à l'eau-forte et tiré en couleur pour *Une partie de campagne*.

1447. MAUPASSANT (Guy de) CONTES CHOISIS. Le Loup, histoire de chasse. Illustrations de Evert Van Muyden. *Paris, imprimé en taille-douce pour l'Académie des Beaux Livres, société des Bibliophiles contemporains, novembre* 1891, gr. in-8, texte et vign. gr. mar. r. genre bradel, un loup frappé en or sur le premier plat, doublé de mar. brun, large dent. gardes en soie brochée, tête dor. non rog. couverture, étui. (*Noulhac.*)

PRÉCIEUX EXEMPLAIRE contenant QUINZE DESSINS de E. VAN MUYDEN, savoir, DOUZE AQUARELLES ORIGINALES (sur quatorze) des figures du texte et TROIS DESSINS à la plume ou au lavis QUI N'ONT PAS ÉTÉ GRAVÉS. On y a joint : 1° les *esquisses de l'artiste ;* 2° deux *adresses* différentes avec le portrait de E. Van Muyden, gravées à l'eau-forte ; 3° le *reçu du prix d'adjudication* des dessins ci-dessus.

1448. — Suite complète de VINGT ET UN DESSINS ORIGINAUX par F. Gueldry, pour le conte *Mouche*, édition de la *Société des Bibliophiles contemporains*. — 21 pièces, gr. in-8, au lavis, montées sur carton fin et entourées d'un encadrement noir et or.

On y a joint le reçu du prix de cession de ces dessins, délivré par M. Brivois, archiviste-trésorier, à M. Alfred PIAT, membre et secrétaire de la Société.

1449. — CONTES DU JOUR ET DE LA NUIT. Illustrations de P. Cousturier. *Paris, Marpon et Flammarion, s. d.* in-12, front. à l'eau-forte et nombr. vign. br. couverture illustrée.

ÉDITION ORIGINALE.
Un des rarissimes exemplaires sur GRAND PAPIER DU JAPON.

1450. — Le Rosier de Madame Husson. Illustrations par Habert Dys ; eaux-fortes de E. Abot, d'après Desprès. *Paris, Quantin*, 1888, pet. in-4, pap. vélin, eaux-fortes et fig. en couleur, cart. recouvert d'étoffe brochée or et couleur, couverture illustrée, non rog. (*Durvand-Thivet.*)

Tiré à petit nombre.

1451. MAYNARD (L'abbé U.) La Sainte Vierge. Ouvrage illustré de quatorze chromolithographies, trois photogravures et deux cents gravures par Huyot, dont vingt-quatre hors texte. *Paris, Fimin-Didot*, 1877, gr. in-8, fig. et pl. mar. bleu, dos orné, fil. dent. int. tr. dor.

Exemplaire numéroté sur GRAND PAPIER VÉLIN A LA FORME (n° 32). Envoi lavé sur le faux-titre.

1452. MEAUME (Edouard). Sébastien Le Clerc et son œuvre. *Paris, Rapilly*, 1877, gr. in-8, 1 pl. en héliogravure et fac-similé, chag. brun, genre bradel, chiffre, non rog. couverture.

Exemplaire sur PAPIER DE HOLLANDE, auquel on a ajouté une intéressante LETTRE AUTOGRAPHE de l'auteur et un DESSIN ORIGINAL à la plume, rehaussé de lavis, par SÉBASTIEN LE CLERC.

1453. MELANDRI. Bazar à treize. Édition illustrée de 125 dessins de Henry Somm. *Paris*, *Dentu*, 1885, in-12, fig. br. couverture illustrée.

ÉDITION ORIGINALE.

Exemplaire orné de DESSINS ORIGINAUX et INÉDITS de l'illustrateur du livre, Henry SOMM, savoir un encadrement sur la couverture et six frontispices détachés, le tout dessiné à la plume et chacun portant la signature de l'artiste.

1454. MÉNARD (René). Entretiens sur la Peinture, avec cinquante eaux-fortes. *Paris*, *Heymann*, 1875, in-4, pl. chag. brun genre bradel, chiffre, tête dor. non rog. couverture.

1455. MENDÈS (Catulle). L'Homme tout nu. Roman. Illustrations de F. Fau, Henri Pille et V.-A. Poirson. *Paris*, 1884-85, in-4, fig. mar. brun genre bradel, chiffres sur le dos et les plats non rog.

Réunion de 25 numéros des années 1884 et 1885 de *la Vie moderne* où ce roman a paru pour LA PREMIÈRE FOIS. Les numéros de l'année 1885 ont été reliés avant ceux de l'année 1884 et les numéros contenant la fin du roman : *Épilogue*, sont remplacés par le même texte emprunté à un exemplaire de l'édition de ce livre publiée par Havard en 1887, 1 vol. in-12.

On a joint au volume 37 (sur 50) DESSINS ORIGINAUX à la plume, légèrement rehaussés de couleur, des vignettes qui ornent le texte.

1456. — Les Iles d'Amour, avec six eaux-fortes et trente-huit dessins originaux de G. Fraipont. *Paris, Frinzine*, 1886, in-4, fig. et pl. br. couverture.

Un des 25 exemplaires numérotés sur PAPIER WHATMAN (n° VII), avec les eaux-fortes AVANT LA LETTRE sur JAPON.

1457. Mendès (Catulle). Les Iles d'Amour, avec six eaux-fortes et trente-huit dessins originaux par G. Fraipont. *Paris, Frinzine*, 1886, in-4 de 85 pp. pl. et vign. gr. à l'eau-forte, br. couverture.

Édition originale.
Un des 15 exemplaires numérotés sur papier impérial du Japon (nº F) avec les planches avant la lettre et *avec remarque.*

1458. — Les Iles d'Amour avec six eaux-fortes et trente-huit dessins originaux de G. Fraipont. *Paris, Frinzine*, 1886, in-4, fig. et pl. mar. brun genre bradel, couronne de comte répétée sur le dos et les plats, ébarbé, couverture.

Exemplaire orné de QUINZE COMPOSITIONS ORIGINALES en or et couleur.
La première page de tous les chapitres contient un magnifique encadrement supérieurement exécuté. Ces encadrements, au nombre de 13, sont d'une grande variété d'ornementation et généralement appropriés au texte; ils sont formés par de gracieux paysages, des guirlandes de fleurs ou par des compositions diverses dans lesquelles on remarque des branchages, des tiges de fleurs, des fruits, des insectes, des oiseaux, des animaux, des arabesques, etc. délicatement peints souvent sur fond noir ou bleu foncé. Le titre de l'ouvrage est presque entièrement couvert par deux longues et larges branches de laurier agrémentées de fleurettes roses et dans le bas du faux-titre, est peint une sorte d'entablement au centre duquel on lit en lettres d'or sur fond bleu : *A Alfred Piat, affectueux souvenir de son vieux Général. — E. de Jancigny*, 3 *juin* 1891.

1459. — Lila et Colette... Illustrations de Gambard et Roy. *Paris, Monnier*, 1885, in-8, fig. en couleur, mar. violet, dos orné, fil. dent. int. tête dor. non rog. 1re partie de la couverture illustrée, étui. (*Canape-Belz.*)

Édition originale.
Un des 30 exemplaires numérotés sur papier du Japon (nº 1), auquel on a ajouté *les fumés* tirés sur chine de la couverture et des illustrations du texte, plus DOUZE DESSINS ORIGINAUX à la plume ou à l'aquarelle, dont plusieurs sont inédits.

1460. — Les Poésies. Première série. Le Soleil de minuit, Soirs moroses, Contes épiques, Intermèdes, Hespérus, Philoméla, Sonnets, Pantéleïa, Pagodes, Sérénades. *Paris, Sandoz et Fischbacher*, 1876, gr. in-8, portr. cartonnage couvert de velours, non rog. couverture. (*Durvand-Thivet.*)

Exemplaires sur PAPIER DE CHINE (non numéroté) portant sur le portrait un ENVOI AUTOGRAPHE signé de l'auteur à E. DENTU et illustré de TRENTE DESSINS à la plume par F. COINDRE, dont deux hors texte et 28 dans le texte; l'artiste s'est représenté sur le second dessin hors texte.

1461. MÉRIMÉE (Prosper). Carmen. *Paris, Calmann Lévy*, 1884, in-16, br. couverture.

Un des 50 exemplaires numérotés sur GRAND PAPIER DU JAPON (n° 43).

1462. — CARMEN. *Paris, Calmann Lévy*, 1884, gr. in-16, br. couverture.

Exemplaire illustré de QUARANTE DESSINS A LA PLUME ET AQUARELLES ORIGINALES de A. SONNIER.

1463. — CHRONIQUE DU RÈGNE DE CHARLES IX. Édition ornée de 110 compositions par Edouard Toudouze. *Paris, Testard*, 1889, gr. in-8, nombr. fig. sur bois, br. couverture illustrée.

Un des 75 exemplaires numérotés sur GRAND PAPIER DU JAPON (n° 53), avec les *tirages à part* sur JAPON des figures du texte, dans un carton perc. r. fers spéciaux.

1464. — Les Deux Héritages, suivis de l'Inspecteur général et des Débuts d'un aventurier. *Paris, Michel Lévy*, 1853, in-12, mar. La Vall. jans. dent. int. tr. dor. (*Marius Michel.*)

ÉDITION ORIGINALE.
Bel exemplaire relié sur brochure.

1465. — H. B. (Henri Beyle) par un des Quarante (Prosper Mérimée), avec un frontispice stupéfiant dessiné et gravé par S. P. Q. R. (Félicien Rops). *Eleuthéropolis, l'an MDCCCLXIV* (1864), in-12, pap. de Hollande, front. gr. demi-rel. mar. r. avec coins, dos orné, tête dor. non rog.

Édition publiée à Bruxelles par Gay et ornée du frontispice sur chine de Félicien Rops.

1466. MÉRY (Joseph). Aux Lyonnais : La Statue de l'Empereur Napoléon. — In-fol. cart. toile.

MANUSCRIT AUTOGRAPHE d'une pièce en vers écrits sur le recto de 6 ff. — Ratures et corrections.

1467. Méry (Joseph) La Floride. — 2 forts vol. in-4 oblong. cart. toile.

Manuscrit autographe avec ratures et corrections, comprenant en tout 694 ff. écrits au recto seulement.

1468. — Perles et Parures ; fantaisie par Gavarni, texte par Méry. (Les Parures ; histoire de la mode, par le Cte Fœlix. — Les Joyaux ; minéralogie des dames, par le Cte Fœlix). *Paris, de Gonet, s. d.* (1850), 2 vol. gr. in-8, front. et pl. sur acier, cart. perc. bleue, fers spéciaux or et couleur, tr. dor.

Premier tirage, avec les figures coloriées et entourées d'encadrements découpés en dentelles et collés sur fond de couleur.
Cartonnage original de la plus grande fraîcheur.

1469. — Les Vierges de Lesbos, poème antique ; dessins par L. Hamon, photographiés par Bertsch et Arnaud. *Paris, Bell,* 1858, in-4 de 24 pp. pap. vélin, 3 pl. demi-rel. mar. r. avec coins, dos orné, plats toile, fil. tête dor.

Tiré à petit nombre.
Voir nos 1731 et 1732.

1470. Meurice (Paul). Le Songe d'une nuit d'été, féerie d'après W. Shakespeare. *Paris, Conquet,* 1886, in-8 carré, front. de Th. Gautier, mar. brun genre bradel, chiffre, tête dor. non rog. couverture.

Édition originale.
Exemplaire sur grand papier vélin teinté avec envoi signé de l'auteur.

1471. — Le Songe d'une nuit d'été, féerie d'après W. Shakespeare. *Paris, Conquet,* 1886, in-8, front. de Théophile Gautier, br. couverture.

Édition originale.
Un des 10 exemplaires sur papier de Chine.
Envoi autographe de l'auteur à Philippe Burty.

1472. Michaud. Histoire des Croisades. Illustrée de 100 grandes compositions par Gustave Doré, gravées par Bellenger, Doms, Gusman, Jonnard, Pannemaker, Pisan, Quesnel. *Paris, Furne,* 1877, 2 vol. in-fol. 100 pl. sur bois, en feuilles dans deux cartons.

Un des 25 exemplaires numérotés sur grand papier de Chine (n° 14).

1473. Mistral (Fréd.). Mireille, poème provençal. Traduction française de l'auteur, accompagnée du texte original avec 25 eaux-fortes dessinées et gravées par Eugène Burnand, et 47 dessins du même artiste. *Paris, Hachette*, 1884, in-4, pap. vélin, texte encadré d'un fil. r. pl. gr. à l'eau-forte et fig. br. couverture.

1474. Monnier (Antoine). Fables et poèmes courts. *Paris*, 1894, in-4, texte, et 105 pl. gr. à l'eau-forte, br. couverture illustrée.

Très beau volume entièrement gravé, fruit de dix années de travail assidu ; il n'a été tiré qu'à très petit nombre sur beau papier vergé d'Arches.

Exemplaire n° 7 avec envoi et lettre autographes de l'auteur à M. Piat, et un DESSIN ORIGINAL de M. Ant. Monnier.

1475. Monnier (Henry). Les Bas-Fonds de la Société. *Paris*, (*J. Claye*), *s. d.*, gr. in-8, pap. vélin, mar. brun, genre bradel, chiffre, tête dor. non rog.

Édition tirée à petit nombre.

On a ajouté à cet exemplaire la photographie de l'auteur et 3 frontispices à l'eau-forte par Chauvet et Félicien Rops.

1476. — Les Bas-Fonds de la Société. *Paris*, *Claye*, 1862, gr. in-8, pap. vergé, rel. en vélin, fil. non rog.

Édition très rare, tirée à 200 exemplaires non mis dans le commerce.

Exemplaire non rogné portant en tête du f. d'avertissement un joli DESSIN A LA PLUME signé d'Henry Monnier représentant son portrait-charge.

1477. — Les Bas-Fonds de la Société; avec 8 dessins à la plume de F. R. (Félicien Rops). *S. l. n. d.* in-18, fig. à la sanguine, cart. bradel, soie brochée or et couleur, doublé et gardes de tabis bleu et or, non rog. couverture. (*Durvand-Thivet.*)

Édition minuscule tirée à 64 exemplaires sur papier de Hollande ; elle est ornée de 8 eaux-fortes à la sanguine de Félicien Rops, tirées sur chine.

1478. — Scènes populaires, dessinées à la plume. *Paris*, *Dentu*, 1879, 2 vol. in-8, fig. demi-rel. mar. olive avec coins, dos orné, fil. tête dor. ébarbé. (*Masson-Debonnelle.*)

1479. Monselet (Charles). Le Cousin Jacques. (Extrait des Oubliés et Dédaignés). *S. l. n. d.* (*Paris*, 1857), pet. in-8, portr. mar. r. dos orné, fil. et comp. à la Du Seuil, dent. int. tr. dor.

Exemplaire interfolié de papier blanc, auquel on a ajouté 3 portraits du Cousin Jacques (Abel Beffroy de Reigny) et une lettre autographe signée de ce personnage (*Paris*, 9 août 1806, 2 pp. pet. in-4), très humoristique, pour demander aux directrices d'un pensionnat de laisser sortir une demoiselle que sa mère réclame : « ... Il y a, dit-elle, un temps infini qu'elle ne l'a vue (et elle dit vrai); elle est sa mère (et elle dit encore vrai); elle n'a qu'elle de toute sa famille pour toute consolation (et elle dit assez vrai); elle en a un besoin urgent (je crois qu'elle dit vrai); elle la ramènera elle-même au bercail et de longtemps on ne vous la redemandera... »

1480. — Les Créanciers, œuvre de vengeance, avec une cruelle eau-forte d'Émile Benassit. *Paris, Pincebourde*, 1870, in-8, front. sur chine, demi-rel. mar. r. avec coins, fil. tête dor. ébarbé.

Édition non mise dans le commerce et tirée seulement à 22[illegible] exemplaires numérotés par souscription.
Exemplaire n° 137, sur *Papier vélin teinté* avec le frontispice en triple état : noir, bistre et sanguine.

1481. — Fréron, ou l'Illustre critique, sa vie, ses écrits, sa correspondance, sa famille. Frontispice à l'eau-forte avec portraits, par Ed. Morin. *Paris, Pincebourde*, 1864, in-16 carré, portr.-front. mar. La Vall. dos orné à petits fers, fil. dent, int. tr. dor. couverture. (*Belz-Niedrée.*)

De la *Bibliothèque originale.*
Bel exemplaire un des 2 tirés sur PEAU DE VÉLIN avec le frontispice en triple état : noir, bistre et sanguine.

1482. Montagne (Édouard). La Feuille à l'envers. Illustrations de Gorguet et Fau. *Paris, Monnier*, 1885, gr. in-8, fig. et pl. mar. olive, milieu de papier japonais, dos orné, fil. tête dor. non rog. couverture illustrée. (*Ruban.*)

Bel exemplaire sur grand papier du Japon, avec les planches et les lettres ornées rehaussées d'aquarelle et d'or, auquel on a ajouté 27 *fumés* sur chine volant de la couverture et des figures de F. Fau et Gorguet.

1483. MONTROSIER (Eugène). Les Artistes modernes. *Paris, Launette*, 1881-82, 3 vol. in-8, fig. et pl. en photogravure sur Chine, br. dans des cartons en perc. r.

Les Peintres de genre. — Les Peintres militaires et les Peintres de nu. — Les Peintres d'histoire, paysagistes, portraitistes et sculpteurs.

1484. MORIN (Louis). Histoires d'autrefois. Le Cabaret du Puits-sans-Vin. 95 dessins de l'auteur. *Paris, Librairie illustrée*, 1885, in-8, front. et fig. noires et en couleur, mar. brun genre bradel, chiffre, tête dor. non rog. couverture illustrée.

1485. MOTTELEY (J.-Ch.). Histoire des révolutions de la Barbe des Français, depuis l'origine de la Monarchie (par Motteley). *Paris, Ponthieu*, 1826, pet. in-12 de 46 pp. mar. bleu jans. dent. int. tr. dor. (*Duru.*)

Un des 30 exemplaires numérotés sur GRAND PAPIER DE HOLLANDE (n° 30), de ce petit volume imprimé à l'instar de ceux sortis des presses elzeviriennes.

1486. MOUTON (Eugène). Histoire de l'Invalide à la tête de bois. Le Squelette homogène. Le Bœuf. Le Coq du clocher. Illustration de G. Clairin. *Paris, Baschet, s. d.* (1886), in-4, portr. fig. et pl. noires et en couleur, br. couverture illustrée.

1487. — Nouvelles, avec le Canot de l'amiral dessiné et gravé à l'eau-forte par l'auteur. *Paris, Charpentier*, 1882, in-12, front. mar. brun genre bradel, chiffre, non rog. couverture. (*Lemardeley.*)

Un des 50 exemplaires numérotés sur PAPIER DE HOLLANDE (n° 34), illustré sur les marges de CINQUANTE-SIX JOLIS DESSINS à la plume ou à l'AQUARELLE par G. PROUST.

1488. MULLER (Eugène). La Mionette. 28 compositions de O. Cortazzo, gravées à l'eau-forte par Abot et Clapès. *Paris, Conquet*, 1885, in-12, pap. vélin teinté, fig. à l'eau-forte, mar. brun genre bradel, chiffre, non rog. couverture.

1489. MÜNTZ (Eugène). La Renaissance en Italie et en France à l'époque de Charles VIII. Ouvrage publié sous la direction et avec le concours de M. Paul d'Albert de

Luynes et de Chevreuse, duc de Chaulnes et illustré de 300 gravures dans le texte et de 38 planches tirées à part. *Paris, Firmin-Didot,* 1885, in-4, fig. et pl. en héliogravure, mar. r. dos orné, fil. tr. dor.

1490. MURGER (Henry). LES ROUERIES DE L'INGÉNUE. — Petit in-4, demi-rel. mar. r. avec coins, tête dor. ébarbé.

MANUSCRIT AUTOGRAPHE composé de 54 ff. écrits au recto seulement.

1491. MUSSET (Alfred de). André del Sarto, drame en deux actes et en prose. *Paris, Charpentier,* 1851, in-12 de 60 pp. br. couverture imprimée.

ÉDITION ORIGINALE de la seconde version de cette pièce; elle a deux actes au lieu de trois.

1492. — L'Anglais mangeur d'Opium. Traduit de l'anglais et augmenté par A. D. M. Notice par M. Arthur Heulhard. *Paris, Moniteur du Bibliophile,* 1878, in-8, tiré in-4, demi-rel. mar. r. avec coins, tête dor. non rog.

xemplaire sur GRAND PAPIER DE HOLLANDE.

1493. — Bettine, comédie en un acte et en prose. *Paris, Charpentier,* 1851, in-12 de 71 pp. br. couverture.

ÉDITION ORIGINALE.

1494. — Les Caprices de Marianne, comédie en deux actes, en prose. *Paris, Charpentier,* 1851, in-12, mar. r. jans. dent. int. tr. dor. (*Cuzin.*)

ÉDITION ORIGINALE.
Bel exemplaire relié sur brochure, avec sa couverture imprimée, provenant de la bibliothèque J. NOILLY.

1495. — Carmosine, comédie en trois actes, en prose. *Paris, Charpentier,* 1865, in-12 de 88 pp. br. couverture imprimée.

ÉDITION ORIGINALE.

1496. — Le Chandelier, comédie en trois actes, représentée... à Paris au Théâtre historique le jeudi 10 août 1848 et à la Comédie-Française, le samedi 29 juin 1850. *Paris,*

Charpentier, 1850, in-12 de 72 pp. demi-rel. mar. citron avec coins, non rog. couverture, non rog.

Deuxième édition avec le texte complètement remanié et conforme à celui de la première représentation donnée à la Comédie-Française.

1497. Musset (Alfred de). Fantasio, comédie en trois actes, en prose. *Paris, Charpentier*, 1866, in-12, br. couverture imprimée.

Édition originale.

1498. — Fantasio, comédie en trois actes, en prose. *Paris, Charpentier*, 1866, in-12, mar. r. jans. dent. int. tr. dor. (*Cuzin.*)

Édition originale.
Bel exemplaire relié sur brochure, avec sa couverture imprimée, provenant de la bibliothèque J. Noilly.

1499. — Louison, comédie en deux actes et en vers. *Paris, Charpentier*, 1849, in-12 de 4 ff. prél. et 63 pp. br. couverture imprimée.

Édition originale.

1500. — Louison, comédie en deux actes et en vers. *Paris, Charpentier*, 1849, in-12, mar. r. jans. dent. int. tr. dor. couverture. (*Cuzin.*)

Édition originale.
Bel exemplaire de J. Noilly, relié sur brochure.

1501. — La Mouche; illustrée de trente compositions par Ad. Lalauze. Préface par Philippe Gille. *Paris, Ferroud*, 1892, gr. in-8, portr. pl. vign. et culs-de-lampe gr. à l'eau-forte, br. couverture.

Exemplaire numéroté sur grand papier du Japon (n° 97), avec une double suite des planches : avec la lettre, et eaux-fortes terminées avant la lettre et *avec remarques*, plus les tirages à part, *avec remarques*, des vignettes et culs-de-lampe.

1502. — Nouvelles. Les Deux Maîtresses; Emmeline; le Fils du Titien; Frédéric et Bernerette; Pierre et Camille. Nouvelle édition illustrée de un portrait gravé par Burney, d'après une miniature de Marie Moulin et de 15 compositions de F. Flameng et O. Cortazzo, gravées à l'eau-forte par Mordant et Lucas. *Paris, Conquet*, 1887, gr. in-8, portr. pl. et vign. br. couverture.

Un des 150 exemplaires numérotés sur GRAND PAPIER VÉLIN (n° 86), auquel on a ajouté la composition refusée pour *Emmeline*, dessinée par Flameng et gravée par Mordant.

1503. MUSSET (Alfred de). Nouvelles : Les Deux Maîtresses... *Paris, Conquet*, 1887, gr. in-8, portr. et fig. br.

Un des 150 exemplaires sur GRAND PAPIER VÉLIN (n° 60) avec les portraits et les figures en double état : avec et AVANT LA LETTRE et le *tirage à part des vignettes*.

On y a ajouté la composition refusée pour *Emmeline*, dessinée par Flameng et gravée par Mordant, en double état : avec et AVANT LA LETTRE et un double exemplaire des faux titre et titre, le premier contenant une charmante AQUARELLE ORIGINALE de CORTAZZO.

1504. — ŒUVRES COMPLÈTES, avec lettres inédites... notice biographique par son frère. Édition dédiée aux amis du Poète ornée de 28 dessins de M. Bida et d'un portrait, gravés sur acier sous la direction de M. Henriquel Dupont. *Paris, Charpentier*, 1866, 10 vol. gr. in-8, portr. et pl. demi-rel. mar. bleu avec coins, tête dor. ébarbé. (*R. Petit.*)

Exemplaire de souscription, sur GRAND PAPIER DE HOLLANDE au nom de M. Théophile GIDE et à son chiffre, avec les figures de Bida en épreuves AVANT LA LETTRE (la lettre sur papier de soie).

On a ajouté à cet exemplaire le DESSIN ORIGINAL signé de CH. ROSSIGNEUX, du cadre du portrait d'Alfred de Musset en tête du tome X.

1505. — On ne badine pas avec l'amour, comédie en trois actes. *Paris, Charpentier*, 1861, in-12 de 105 pp. cart. genre bradel, chiffre, non rog.

ÉDITION ORIGINALE.

1506. — POÉSIES. (1828-1832 et 1833-1852). *Paris, Lemerre*, 1884-85, 2 vol. in-4, br. couvertures.

Exemplaire numéroté sur GRAND PAPIER DE HOLLANDE, enrichi de QUATRE-VINGT-DIX-HUIT DESSINS ORIGINAUX au lavis et à la plume par EVERT VAN MUYDEN.

1507. — UN SPECTACLE DANS UN FAUTEUIL. *Paris, Eugène Ren-*

duel, 1833, in-8, mar. r. dos orné, fil. dent. int. tr. dor. couverture. (*Chambolle-Duru.*)

ÉDITION ORIGINALE des trois pièces en vers suivantes : *La Coupe et les lèvres; A quoi rêvent les jeunes filles* et *Namouna.*

Bel exemplaire au chiffre du marquis de LA GARDE, portant sur le titre un ENVOI AUTOGRAPHE de l'auteur à Alfred TATTET.

1508. MUSSET (Alfred de). UN SPECTACLE DANS UN FAUTEUIL. Prose. *Paris, Librairie de la Revue des Deux-Mondes*, 1834, 2 tomes en 1 vol. in-8, mar. r. dos orné, fil. dent. int. tr. dor. (*Chambolle-Duru.*)

ÉDITION ORIGINALE de la seconde livraison du *Spectacle dans un fauteuil* contenant : *Lorenzaccio; Les Caprices de Marianne; André del Sarto; Fantasio; On ne badine pas avec l'amour; La Nuit vénitienne.*

Bel exemplaire au chiffre du marquis de LA GARDE, portant sur le faux-titre un ENVOI AUTOGRAPHE de l'auteur à Alfred TATTET.

1509. — Eux. Drame contemporain en un acte et en prose par Moi (Alexis Doinet). *Caen, Le Gost-Clérisse*, 1860, in-12 de 51 pp. mar. r. jans. dent. int. tr. dor. couverture. (*Marius-Michel.*)

Critique très rare de *Elle et Lui; Lui; Lui et Elle.*

Bel exemplaire de J. NOILLY.

1510. — Galerie historique de la Comédie-Française : Troupe d'Alfred de Musset. — 1847-1878. — In-8, mar. rouge jans. dent. int. tr. dor. (*Cuzin.*)

Recueil factice formé par M. J. NOILLY et contenant :

1° Cinq portraits gravés à l'eau-forte par Fugère : Mlle Dèspréaux, Mlle Anaïs, Mirecour, Provost et Samson, extraits de la « Galerie historique de la Comédie-Française pour servir de complément à la troupe de Talma. *Lyon*, 1876 », dont on a conservé le faux titre, le titre et 1 f. contenant la marque de l'imprimeur.

2° Treize portraits gravés par Gaucherel et Lalauze : Barré, Barretta, Madeleine Brohan, Coquelin aîné, Delaunay, Marie Favart, Got, Clémentine Jouassain, Lafontaine, Laroche, Lloyd, Suzanne Reichemberg, Regnier, extraits de « Francisque Sarcey : Comédiens et Comédiennes, notices biographiques. *Paris*, *s. d.* » dont on a conservé la couverture.

1511. MUSSET (Paul de). Lui et Elle; avec deux dessins de M. G. Rochegrosse, gravés à l'eau-forte par Champollion.

Paris, *Charpentier*, 1878, in-32, fig. mar. bleu jans. dent. int. tr. dor. (*Marius-Michel.*)

De la *Petite Bibliothèque Charpentier*.
Un des 25 exemplaires sur PAPIER DE CHINE (n° 13) avec les eaux-fortes en triple état dont deux avant toute lettre sur HOLLANDE et JAPON.

1512. MUSSET (Paul de). Notice sur Alfred de Musset (par Paul de Musset). *S. l. n. d.* in-4 de 46 pp. mar. r. jans. dent. int. tr. dor. (*Cuzin.*)

Cette notice est extraite des Œuvres d'Alfred de Musset, publiée par Charpentier en 1866, 10 vol. in-4; elle est signée P. M.
Exemplaire de J. NOILLY avec l'ENVOI AUTOGRAPHE suivant: *A Monsieur Edouard Fournier, hommage sympathique.* — PAUL DE MUSSET.

1513. NADAUD (Gustave). Chansons choisies, illustrées par ses amis. *Paris*, 1881, 2 vol. pet. in-fol. nombr. pl. en phototypie et musique notée, mar. La Vall. genre bradel, chiffre, tête dor. non rog. couvertures.

Édition de luxe non mise dans le commerce.

1514. — Une Idylle; avec onze planches hors texte d'après les dessins de Albert Aublet. *Paris, Librairie des Bibliophiles*, 1883, in-4, pl. demi-rel. mar. grenat avec coins, fil. tête dor. non rog.

Un des 70 exemplaires du tirage spécial sur PAPIER DU JAPON, avec les figures en double état : avec et AVANT LA LETTRE, fait pour M. Edmond RODIER (n° 65).

1515. NARREY (Charles). Albert Durer à Venise et dans les Pays-Bas, autobiographie, lettres, journal de voyages, papiers divers, traduits de l'allemand avec des notes et une introduction par Charles Narrey. *Paris*, *Renouard*, 1866, gr. in-8, fig. et pl. sur Chine, mar. grenat, fil. et comp. à froid, fil. int. tr. dor. (*R. Petit.*)

Très bel exemplaire sur GRAND PAPIER DE HOLLANDE, recouvert d'une jolie reliure ornée de compartiments à froid genre XVIe siècle.

1516. NERVAL (Gérard de). Les Filles du Feu : Sylvie ; Jemmy; Octavie; Isis; Émilie; avec une préface de Jules Levallois. Dessins d'Émile Adan, gravés à l'eau-forte par Le

Rat. *Paris, Librairie des Bibliophiles*, 1888, pet. in-8, tiré in-4, portr. et pl. br. couverture.

De la *Bibliothèque artistique moderne.*
Un des 20 exemplaires numérotés sur GRAND PAPIER WHATMAN, avec les figures en double état : avec et AVANT LA LETTRE.

1517. NERVAL (Gérard de) Sylvie, souvenirs du Valois. Préface par Ludovic Halévy. 42 compositions dessinées et gravées à l'eau-forte, par Ed. Rudaux. *Paris, Conquet*, 1886, pet. in-8, fig. br. couverture.

Exemplaire sur PAPIER DU JAPON (n° 120 sur 150).

1518. — Sylvie, souvenirs du Valois... *Paris, Conquet*, 1886, gr. in-16, front. et vign. cart. bradel, recouvert d'étoffe brochée or et couleur, doublé et gardes de tabis vert et or, couverture, non rog. (*Durvand-Thivet.*)

Un des 150 exemplaires numérotés sur GRAND PAPIER IMPÉRIAL DU JAPON (n° 146).

1519. NOËL (Édouard). Une Mélodie de Schubert. Dessins de Georges Cain gravés par Deville. *Paris, Conquet*, 1888, in-16 de 82 pp. pap. vélin, figure, vignette et cul-de-lampe, br. couverture.

Tiré à 125 exemplaires (n° 34).

1520. NODIER (Charles). Histoire du Roi de Bohême et de ses Sept Châteaux (par Charles Nodier). *Paris, Delangle*, 1830, in-8, vign. sur bois d'après Tony Johannot, mar. olive, dos orné, fil. dent. int. tr. dor. (*Hardy.*)

PREMIER TIRAGE.

1521. — JOURNAL DE L'EXPÉDITION DES PORTES DE FER, rédigé par Charles Nodier, de l'Académie française. *Paris, Imprimerie Royale*, 1844, gr. in-8, fig. et pl. gr. sur bois, carte, mar. r. jans. dent. int. tr. dor. étui recouvert de velours r.

Magnifique ouvrage, un des plus beaux de ce siècle, orné de figures hors texte sur chine, avec la lettre sur papier de soie et de nombreuses vignettes dans le texte d'après Raffet, Decamps et Dauzats. Il n'a été imprimé qu'à un petit nombre d'exemplaires destinés à être offerts en présent.

Exemplaire portant au verso du faux-titre l'*ex-dono* imprimé suivant: **A M. PAUL BERTHIER, *officier d'ordonnance du Roi.***

La reliure est aux armes de cet amateur.

1522. NOLHAC (Pierre de). La Reine Marie-Antoinette. *Paris, Boussod, Valadon et Cie*, 1890, in-4, pap. vélin, portr. en héliogravure en couleur et pl. en photogravure, br. couverture.

PREMIER TIRAGE.

1523. NORMAND (Charles). Exploration artistique et archéologique. Charles Normand. La Troie d'Homère. *Paris, l'Ami des monuments et des arts, s. d.* (1894?) in-4, fig. et pl. en phototypie noires et en couleur, en feuilles, dans un carton.

Exemplaire sur PAPIER DU JAPON imprimé pour M. Alfred PIAT.

1524. NOUVAL (A. de). Contes salés. Illustrations de J. Roy. *Paris, Monnier,* 1884, gr. in-8, fig. demi-rel. mar. vert avec coins, dos orné, fil. tête dor. non rog. couverture illustrée.

EXEMPLAIRE UNIQUE sur PAPIER DU JAPON, avec les DESSINS ORIGINAUX de J. ROY de la couverture et des figures qui ornent cet ouvrage. On y a joint les *fumés* sur CHINE de ces illustrations.

1525. NOUVELLES à l'eau-forte par la Société « Les Têtes de Bois ». Cinq eaux-fortes par Besnus, Delacroix, Garnier et Morand. *Paris, Lemerre*, 1880, in-12, fig. mar. brun genre bradel, chiffre, tête dor. non rog. couverture.

1526. NUITTER (Charles). Le Nouvel Opéra. Ouvrage contenant 59 gravures sur bois et 4 plans. *Paris, Hachette,* 1875, gr. in-8, portr. de Ch. Garnier et nombr. fig. demi-rel. mar. r. avec coins, tête dor. non rog. couverture.

Exemplaire sur PAPIER DE CHINE.

1527. — Le Nouvel Opéra... *Paris, Hachette,* 1875, gr. in-8, portr. et nombr. fig. mar. r. dos orné, fil. dent. int. tr. dor. (*Hardy.*)

Exemplaire sur PAPIER DE CHINE.

1528. OKOMA, roman japonais illustré par Félix Régamey d'après le texte de Takizava-Bakïn et les dessins de Chiguenoï. *Paris, Plon,* 1883, in-4, fig. et pl. en couleur, cart. cuir japonais, doublé et gardes d'étoffe japonaise, non rog.

Exemplaire sur PAPIER DU JAPON (n° 26), recouvert d'un très original cartonnage.

1529. OPÉRA (L'). Eaux-fortes et quatrains, par un Abonné. *Paris, Librairie des Bibliophiles*, 1876, in-12, 3 front. et 50 portr. gr. à l'eau-forte, br. couverture.

Exemplaire sur PAPIER DE CHINE, tiré au nom du vicomte BERTHIER, avec les portraits AVANT LA LETTRE.

1530. PACINI (Eug.). La Marine. Arsenaux, navires, équipages, navigations, atterrages, combats. Illustrations de M. Morel-Fatio. *Paris, Curmer*, 1844, gr. in-8, front. et fig. sur bois, pl. gr. sur acier, noires et coloriées, mar. r. dos orné, fers spéciaux, dent. int. tr. dor.

Bel exemplaire dans sa reliure originale ornée d'emblèmes maritimes.

1531. PANTHÉON (Le) DE MONTJOYEUX (Jules Poignand). Apologie en vers à douze pieds et plus d'un groupe d'hommes supérieurs. *Paris, Moncousin (Monnier), s. d.* in-8 carré, fig. mar. vert, dos orné, fil. et comp. mosaïqués, dent. int. tête dor. non rog. couverture, étui doublé de peau de chamois. (*Ruban.*)

Ouvrage non mis dans le commerce et tiré à petit nombre.

Bel exemplaire sur GRAND PAPIER DU JAPON auquel on a ajouté les QUATORZE DESSINS ORIGINAUX des figures de Joseph ROY et GALICE qui ornent ce volume, accompagné des *fumés* sur CHINE VOLANT.

Jolie reliure de Ruban, à compartiments mosaïqués de maroquin rouge, violet, brun, citron, orange, blanc et grenat. Sur le premier plat, le *Panthéon de Montjoyeux* copié sur celui qui surmonte la montagne Sainte-Geneviève; sur le second, un lapin battant du tambour.

1532. — Les Illustrations françaises au XIXe siècle comprenant un portrait, une biographie et un autographe de chacun des hommes les plus marquants... publié sous la direction de Victor Frond. *Paris, Pilon*, 1865, 5 vol. in-fol. nombr. portr. et fac. similés, demi-rel. chag. r. et violet, plats perc. dos orné.

Guerre et Marine. — Clergé. — Lettres, politique, administration, arts, etc.

1533. PARIS illustré. Texte par Dumas, d'Hervilly, Monselet, Stahl, etc. *Paris*, 1883-1885, 8 fasc. gr. in-fol. nombr. fig. et pl. en noir et en couleur, couvertures.

Étrennes 1883. — Le Carnaval. — Les Vendanges. — Les Fêtes foraines. — Les Enfants. — L'Opéra. — La Vie au château. — Les Aérostats et la navigation aérienne.

Édition de très grand luxe, tirée à petit nombre sur PAPIER IMPÉRIAL DU JAPON, imprimé d'un seul côté.

1534. PARQUIN (Le Capitaine). Récits de guerre. Souvenirs, 1803-1814. Dessins par F. de Myrbach, H. Dupray, Walker, L. Sergent, Marius Roy. Introduction par Frédéric Masson. *Paris, Boussod, Valadon et Cie, s. d.* (1892), in-4, pap. vélin, nombr. fig. et pl. en noir et en chromotypogravure, demi-rel. mar. r. avec coins, tête dor. ébarbé.

1535. PAYSAGES du Nord. Belgique, Hollande, Baltique, golfes de Bothnie et de Finlande, Laponie, Océan glacial, etc. etc. Illustré de douze dessins d'après nature par L. Morel-Fatio. *Paris, Courcier, s. d.* (1856), gr. in-8. 12 pl. en lithogr. teintée, chag. bleu, dos orné, fil. et comp. entrelacés, dent. int. tr. dor.

1536. PÉLADAN (Joséphin). La Décadence latine. A Cœur perdu. *Paris, Edinger*, 1888, gr. in-8, front. gr. à l'eau-forte par Rops, br. couverture illustrée.

ÉDITION ORIGINALE.

Un des 5 exemplaires sur GRAND PAPIER DE CHINE, de format grand in-8.

ENVOI AUTOGRAPHE de l'auteur sur un f. de garde : *A mon ami Félix Gras, un livre étrange parmi ses beaux livres.* — Joséphin PÉLADAN. — M. Gras s'appelant Émile et non Félix, le Sâr a ajouté : *Je vous veux tant de bonheur et je déteste si bien le fatras de Rousseau, que toujours je vous débaptise, ô Emilius!*

1537. — La Décadence latine. Curieuse! Frontispice à l'eau-forte de Félicien Rops. *Paris, Laurent*, 1886, pet. in-8, front. demi-rel. mar. vert avec coins, tête dor. non rog. couverture.

ÉDITION ORIGINALE.

Un des 10 exemplaires numérotés sur GRAND PAPIER DE CHINE avec le frontispice en double état : avec la lettre sur HOLLANDE et AVANT LA LETTRE SUR CHINE VOLANT.

ENVOI AUTOGRAPHE de Joséphin PÉLADAN sur un f. de garde : *Au*

Seigneur Émile Gras. J'ai découvert ce Chine en une librairie, et vous l'offre orientalement, contre du musc — puisque vous ne voulez pas un don simple de sympathie. A vrai dire, il y a une amusante bizarrerie à échanger de bonnes odeurs contre ces sels d'ammoniaque que j'ai élaborés pour le salut des femmes tentées par l'inconnu masculin. — Joséphin Péladan. *Paris, ce 26 avril* 1887.

1538. Péladan (Joséphin). La Décadence latine. L'Initiation sentimentale. Frontispice au vernis mou en premier état de Félicien Rops. *Paris, Edinger*, 1887, in-8, front. demi-rel. mar. noir avec coins, tête dor. non rog. couverture illustrée.

Édition originale.

Exemplaire sur grand papier de Chine (n° 8), de format in-4, avec le frontispice de Rops en deux états et auquel on a ajouté un portrait à l'eau-forte du Sâr Peladan en épreuve d'artiste sur Japon..

Envoi autographe à Émile Gras « *en très vive quoique récente sympathie, et aussi en joie de prendre place en une si belle bibliothèque. Un peu de temps encore et à mon prochain volume, je mettrai, n'est-ce pas : votre ami,* Joséphin Péladan. »

1539. — La Décadence latine. Istar. *Paris, Edinger*, 1888, gr. in-8, front. gr. à l'eau-forte par Knopff, br. couverture illustrée.

Édition originale.

Un des 5 exemplaires numérotés sur grand papier de Chine de format grand in-8.

1540. — Marquis de Valognes (Joséphin Péladan). Femmes honnêtes! avec un frontispice de Félicien Rops et douze compositions de Bac. *Paris, Monnier*, 1885, gr. in-8, front. de Rops et 12 pl. à la sanguine de Bac, mar. vert, dos orné, fil. dent. int. tête dor. non rog. couverture illustrée, étui. (*Canape-Belz.*)

Bel exemplaire sur grand papier du Japon, auquel on a ajouté :

1° DOUZE DESSINS ORIGINAUX à la plume rehaussés de couleur par Ringel (?);

2° TROIS DESSINS ORIGINAUX à la plume rehaussés de couleur, essais de couverture;

3° Les *fumés* en noir, sur chine volant de la couverture et des 12 figures de Bac;

4° Une double épreuve du frontispice de Rops tirée en bistre;

5° Deux épreuves, en noir et en bistre, d'un frontispice à l'eau-forte de Ringel;

6° Une lettre autographe signée de Joséphin Péladan;

7° 12 portraits de femmes sur chine volant.

1541. Péladan (Joséphin). Femmes honnêtes, avec un frontispice à l'eau-forte de Fernand Knopff et 12 compositions de José Roy. *Paris*, *Dalou*, 1888, in-8, front. et pl. br. couverture illustrée.

Un des 50 exemplaires numérotés sur grand papier du Japon (n° 11), avec eau-forte *sur grandes marges*.

Au bas de la couverture, Joséphin Péladan a écrit à la plume le nom de M. Émile Gras.

1542. Pène (H. de). Henri de France. *Paris*, *Oudin*, 1884, in-4, fig. portr. et pl. en héliogravure, en photo-aquatinte et en couleur mar. olive, dos fleurdelisé, fil. et comp. dent. int. tr. dor.

Bel exemplaire sur grand papier du Japon.

1543. Piedagnel (Alexandre). Hier. *Paris*, *Motteroz*, 1882, gr. in-8, front. et vign. chag. brun genre bradel, chiffre, tête dor. non rog. couverture.

Un des 100 exemplaires numérotés sur grand papier du Japon.
Nom gratté au verso du faux-titre.

1544. Pille (Henri) et Roger-Milès (L.). Pages d'autrefois; avec une préface de François Coppée. *Paris*, *Lanier*, 1889, in-fol. fig. en bistre, br. couverture illustrée.

1545. Poisle-Desgranges (J.). Le Saltimbanque, avec eaux-fortes d'Alfred Taiée. Poésie, récitée par J. Renot. *Paris*, *Bachelin-Deflorenne*, 1875, in-8 de 12 pp. 2 pl. à l'eau-forte, mar. brun genre bradel, chiffre non rog. couverture.

Tiré à petit nombre.
Un des 40 exemplaires sur grand papier de Hollande.

1546. — Les Sonnets impossibles, avec douze eaux-fortes par Alfred Taiée. *Paris*, *Bachelin-Deflorenne*, 1873, in-8 de 32 pp. 12 pl. à l'eau-forte, rel. cuir de crocodile, couverture, ébarbé.

Volume tiré seulement à 110 exemplaires.
Un des 10 tirés sur papier de Chine (n° 7).

1547. Ponce (N.). Mélanges sur les Beaux-Arts. *Paris*, *Leblanc*, 1826, in-8, portr. lith. mar. olive jans. dent. int. tr. dor.

1548. PORTALIS (le baron Roger). Les Dessinateurs d'illustrations au Dix-huitième siècle. *Paris, Morgand et Fatout*, 1877, 2 vol. gr. in-8, front. gr. à l'eau-forte par Jacquemart, br. couvertures.

Un des 50 exemplaires sur PAPIER WHATMAN (n° 4), avec le frontispice en double état : avec la lettre en noir et AVANT LA LETTRE en bistre.

1549. — Honoré Fragonard, sa vie et son œuvre; 210 pl. et vign. d'après les peintures, estampes et dessins originaux. Eaux-fortes par Lalauze, Champollion, Courtry, de Mare, Wallet... *Paris*, *Rothschild*, 1889, fort vol. gr. in-8, pap. simili-japon, portr. fig. et nombr. pl. noires et teintées, br. couverture illustrée.

1550. POUJOULAT. Histoire de Saint Augustin. *Tours*, *Mame*, 1866, 2 vol. in-8, portr. mar. La Vall. fil. à froid, doublé et gardes de moire r. large dent. tr. dor.

1551. PREMIÈRES (Les) ILLUSTRÉES; notes et croquis. Saison théâtrale 1881-1882. Texte par Raoul Toché (Frimousse), avec une préface de M. Henri Meilhac. Illustrations par Mlle Blanche Pierson, MM. Barbin, Destez, Gambard, Sangaï, Rasetti, Vogel et Villette. *Paris*, *Monnier*, *s. d.* (1882), in-4, fig. et pl. montées sur onglets, mar. olive, dos orné, fil. dent. int. doublé et gardes de moire grenat, tête dor. non rog. étui doublé de peau de chamois. (*Quinet.*)

Première année.

Très bel exemplaire avec une double suite des héliogravures AVANT LA LETTRE sur WHATMAN et sur JAPON, auquel on a ajouté: 1° QUINZE DESSINS ORIGINAUX de DESTEZ, GAMBARD, POIRSON, ROSATTI, VOGEL, WILLETTE, etc. — 2° le DESSIN ORIGINAL de la couverture de l'année complète. — 3° Les *fumés* sur CHINE de toutes les illustrations.

Cet exemplaire auquel on a conservé les couvertures mensuelles est revêtu d'une jolie reliure dont le premier plat est orné d'une composition représentant la scène, le rideau baissé, avec la rampe et le souffleur à son poste.

1552. — ILLUSTRÉES; notes et croquis. Saison théâtrale 1882-1883. Texte par Raoul Toché (Frimousse), avec une préface par Ludovic Halévy. Illustrations par Barbin, Detaille, Ferdinandus, Kurner, A. Marie, Mars, Myrbach...

Paris, Monnier, s. d. (1883), in-4, fig. et pl. en noir et en couleur, mar. orange, dos orné et mosaïqué de mar. bleu, fil. comp. et angles mosaïqués de mar. bleu, dent. int. tête dor. non rog. étui doublé de peau de chamois. (*Smeers-Engel.*)

Deuxième année.

Très bel exemplaire sur GRAND PAPIER DU JAPON auquel on a ajouté : 1° TREIZE DESSINS ORIGINAUX de FERDINANDUS, Adrien MARIE, MARS, MYRBACH, POIRSON, ROY, SCOTT, VOGEL, WILLETTE, etc. — 2° Les *fumés* sur CHINE de toutes les illustrations. — 3° UNE LETTRE AUTOGRAPHE de Ludovic HALÉVY. — 4° Une LETTRE AUTOGRAPHE d'Edouard DETAILLE. — 5° Divers états de planches hors texte. — 6° Les couvertures mensuelles des livraisons.

1553. PREMIÈRES (Les) ILLUSTRÉES ; notes et croquis. Saison théâtrale 1883-1884. Texte par Raoul Toché (Frimousse), avec une préface de Victorien Sardou. Illustrations par J. Fau, Gambard, Gerbault, Gorguet, Gougelet, Hamel, Hope, Jeanniot... *Paris, Monnier, s. d.* (1884), in-4, fig. et pl. en noir et couleur, mar. r. dos orné, fil. comp. branches de feuillage aux angles des plats, dent. int. tête dor. non rog. couverture, étui doublé de peau de chamois. (*Canape-Belz.*)

Troisième année.

Très bel exemplaire sur PAPIER DU JAPON, auquel on a ajouté : 1° QUARANTE-ET-UN DESSINS ORIGINAUX, dont VINGT-QUATRE AQUARELLES de Fernand FAU, GERBAULT, KAUFFMANN, LE NATUR, JEANNIOT, ROY, PILLE, etc. — 2° Les *fumés* sur CHINE VOLANT de toutes les illustrations. — 3° Divers états des planches en couleur. — 4° Un essai de couverture gaufrée, des prospectus, menu d'un dîner de centième, etc. — Plusieurs figures du texte sont en outre COLORIÉES A L'AQUARELLE.

1554. — ILLUSTRÉES. Notes et croquis. Saison théâtrale 1884-1885. Texte par Raoul Toché (Frimousse) et Émile Blavet (Parisis), avec une préface de Henry Buguet. Illustrations par Bac, Carpezat, Chaperon, Fau, Gorguet, Legrand, Lemonnier, Lunel... *Paris, Monnier, s. d.* (1885), in-4, fig. et pl. mar. La Vall. dos orné, encadrement et riches comp. sur les plats, dent. int. tr. dor. couverture illustrée, étui. (*Ruban.*)

Quatrième année.

Très bel exemplaire sur GRAND PAPIER DU JAPON, auquel on a ajouté : 1° QUINZE DESSINS ORIGINAUX, dont TROIS AQUARELLES, par BAC,

Fernand FAU, GORGUET, HOPE, LEGRAND, LUNEL, MYRBACH, WILLETTE, RUBÉ, CHAPERON et JAMBON, etc. — 2° QUATRE PAGES AUTOGRAPHES de Victorien SARDOU. — 3° ONZE LETTRES AUTOGRAPHES signées de Sarah BERNHARDT, CRESSONOIS, GARNIER, Marie LAURENT, LUGUET, MARAIS, NOËL, ROSNY, Victorien SARDOU, Antonine VALLIER et VOLNY. — 4° Les *fumés* sur CHINE VOLANT de toutes les illustrations. — 5° De nombreux états divers des eaux-fortes et héliogravures hors texte : AVANT LA LETTRE, en sanguine, bistre, etc. — 6° Deux états de la couverture.

1555. PREMIÈRES (Les) ILLUSTRÉES. Directeur : M. de Brunhoff. Notes et croquis, saison théâtrale 1887-1888. Texte par Louis Besson, Fernand Bourgeat, Henry Keroul, Francisque Sarcey, Auguste Vitu... Préface de Henri Becque. Illustrations de Bac, Chartier, Fau, Gorguet, Moroge, Rivière Roy... *Paris, Piaget, s. d.* (1888), in-4, fig. et pl. br. couverture illustrée.

Sixième année.

Exemplaire sur PAPIER DU JAPON avec les planches hors texte en deux états : noir et bistre. On y a ajouté CINQUANTE DESSINS ORIGINAUX à la plume, quelques-uns rehaussés de couleur, par BAC, GORGUET, FAU, etc. Deux de ces dessins n'ont pas été reproduits.

1556. PRIVAT (Esprit). Luttes sociales de la Chair. *Paris, Schwartz*, 1837, in-8, v. violet, encadrement de fil. sur le dos et les plats, dent. int. tr. dor. (*Lebrun.*)

ÉDITION ORIGINALE.

Jolie reliure dont les plats sont ornés d'un encadrement composé de 24 filets.

1557. RABAN. Le Marquis de La Rapière. *Paris, Brianchon*, 1820, pet. in-8, figure, cuir de Russie r. fil. à froid, dent. int. tête dor. non rog. (*Chatelin.*)

ÉDITION ORIGINALE de ce roman de mœurs de l'époque des Cent-Jours et de la Restauration. Curieuse figure au lavis.

Bel exemplaire NON ROGNÉ.

1558. RAMBERT. La Misère, dessins et texte par Rambert. *Paris, Blandin*, 1851, in-fol. titre-front. texte et 8 pl. lith. et montés sur onglets, demi-rel. chag. brun.

1559. RAMEAU (Jean). Poèmes fantasques. Ilustrations de Ary Gambard. *Paris, Monnier*, 1883, in-4, titre-front. et fig. en couleur, demi-rel. mar. r. avec coins, tête dor. non rog. couverture.

Un des 100 exemplaires numérotés sur GRAND PAPIER DU JAPON (n° 87).

1560. REGNIER D'ESTOURBET. Charlotte Corday, drame en cinq actes et en prose. *Paris, Dumont*, 1831, in-8 de 86 pp. mar. r. jans. dent. int. tr. dor. (*Thibaron.*)

ÉDITION ORIGINALE, rare.
Bel exemplaire de G. MOREAU-CHASLON, relié sur brochure.

1561. REVUE Fantaisiste. *Paris, du* 15 *février au* 1er *août*, 1861, 2 tomes en 1 vol. pet. in-4, pl. mar. r. fil. à froid, milieu à fers azurés, dent. int. tr. dor. (*Smeers.*)

Revue devenue très rare, dont le rédacteur en chef était Catulle Mendès et les principaux collaborateurs : Asselineau, Banville, Baudelaire, Champfleury, Claretie, Daudet, Monselet, Vacquerie, Villiers de l'Isle-Adam, etc. — Sept eaux-fortes de Bresdin sur chine ornent de plus le second tome.
Exemplaire de JULES JANIN, avec ENVOI AUTOGRAPHE de CATULLE MENDÈS.

1562. RIANCEY (Henry de). La Vie des Saints illustrée en chromolithographie d'après les anciens manuscrits de tous les siècles, publiée par F. Kellerhoven. *Paris, Kellerhoven, s.d.* in-4, pl. en chromolith. mar. bleu, dos orné, fil et comp. doublé et gardes de moire blanche, dent. tr. bleue étoilée d'or. (*Meuthey.*)

Exemplaire du PREMIER TIRAGE portant au centre et aux angles des plats de la reliure le chiffre couronné de MARIE-CHRISTINE DE BOURBON, reine d'Espagne.
Légères taches.

1563. RICHEPIN (Jean). Les Blasphèmes, avec un portrait de l'auteur par E. de Liphart. *Paris, Dreyfous*, 1884, in-4, portr. mar. brun, genre bradel, chiffre, non rog. couverture.

ÉDITION ORIGINALE.
Un des 100 exemplaires numérotés sur GRAND PAPIER DE HOLLANDE avec une double épreuve du portrait.

1564. — La Chanson des Gueux. *Paris, Dreyfous*, 1885, in-4, pap. vélin, br. couverture.

On y a ajouté les *pièces supprimées*, illustrées d'un portrait à l'eau-forte par Henri Lefort.

1565. — La Chanson des Gueux. *Paris, Dreyfous*, 1885, in-4, br. couverture.

Un des 50 exemplaires numérotés sur GRAND PAPIER DU JAPON (n° 10) auquel on a ajouté les *pièces supprimées* également sur JAPON et le portrait de l'auteur gr. à l'eau-forte par Henri Lefort, en double épreuve sur JAPON : noir et bistre.

1566. RICHEPIN (Jean). La Chanson des gueux. *Paris, Dreyfous*, 1885, in-4, br. couverture.

L'un des 100 exemplaires numérotés sur papier de Hollande, avec les *pièces supprimées* et une eau-forte par H. Lefort, auquel on a ajouté :

1° 1 FRONTISPICE ET 262 DESSINS ORIGINAUX de Jean COULON à la manière des ombres chinoises.

2° La suite des 10 eaux-fortes de Maurice Ridouard, tirées à part sur papier de Hollande.

3° La suite des 7 héliogravures de Courboin, tirées à part sur papier de Hollande, en épreuves avant la lettre.

1567. — Les Débuts de César Borgia. *Paris, publié pour la Société des Bibliophiles Contemporains*, 1890, in-8, fig. de Georges Rochegrosse, gr. à l'eau-forte et coloriées, fac-similé, br. couverture illustrée.

Ouvrage tiré à 186 exemplaires non mis dans le commerce. Exemplaire de M. Alfred Piat (n° 118).

1568. — La Mer. *Paris, Dreyfous*, 1886, in-12, br. couverture.

Un des 20 exemplaires numérotés sur Papier de Hollande (n° 15), orné de VINGT-QUATRE DESSINS ORIGINAUX, à la plume et à l'aquarelle, par V.-A. Poirson.

1569. Robida (A.). Kerbiniou le Très-madré. Voyage au pays des Saucisses. Jadis chez Aujourd'hui. Illustrations d'après Robida. *Paris, Armand Colin, s. d.* in-12, fig. br. couverture.

On a ajouté à cet exemplaire DOUZE DESSINS ORIGINAUX de Robida, à la plume et au lavis, des illustrations de cet ouvrage.

1570. Rochefort (Henri). Fantasia. Dessins de Caran d'Ache. *Paris, Librairie moderne*, 1888, gr. in-8. fig. br. couverture illustrée.

Un des 20 exemplaires numérotés sur papier impérial du Japon, (n° 20), portant les signatures autographes de Henri Rochefort et de Caran d'Ache et sur le faux-titre un DESSIN ORIGINAL de ce dernier.

1571. Rodrigues (Eugène). Catalogue descriptif et analytique de l'Œuvre gravé de Félicien Rops, précédé d'une notice biographique et critique par Erastène Ramiro (Eugène Rodrigues), orné d'un frontispice et de gravures d'après les compositions inédites de Félicien Rops. *Paris, Conquet*, 1887, gr. in-8, pap. vélin, front. et pl. à l'eau-forte, mar. brun genre bradel, chiffre, tête dor. non rog. couverture illustrée à l'eau-forte.

ÉDITION ORIGINALE.
Exemplaire sur papier vélin (n° 154) auquel on a ajouté : 1° une LETTRE AUTOGRAPHE signée de Félicien Rops. — 2° Une jolie eau-forte teintée de Rops : *La Femme au cochon* (Πορνοκρατης), épreuve AVANT LA LETTRE sur JAPON.

1572. ROLLAND (Amédée). Nos Ancêtres, tragédie nationale en partie inédite avec chœurs et danses. Onze compositions et allégories de Aug.-Fr. Gorguet, gravées par A. Charpentié. *Paris, Jouaust*, 1889, gr. in-8, pl. à double page gr. sur bois, demi-rel. mar. orange avec coins, dos orné, fil. tête dor. ébarbé, couverture.

Ouvrage tiré à un petit nombre d'exemplaires numérotés, non mis dans le commerce et portant chacun d'eux le nom du destinataire imprimé. — Celui-ci est au nom de M. DUQUESNEL.

1573. ROTHSCHILD (Le Baron James de). Essai sur les Satires de Mathurin Régnier. 1573-1613. *Paris, Aubry*, 1863, in-8 de 32 pp. mar. r. jans. dent. int. tr. dor. couverture. (*Raparlier.*)

Tiré à 200 exemplaires numérotés sur PAPIER DE HOLLANDE (n° 33).
LETTRE AUTOGRAPHE de l'auteur à Georges MOREAU-CHASLON lui annonçant l'envoi du présent exemplaire.

1574. — Essai sur les Satires de Mathurin Régnier. 1573-1613. *Paris, Aubry*, 1863, in-8 de 32 pp. mar. r. jans. dent. int. tr. dor. non rog. (*Thibaron-Echaubard.*)

Exemplaire sur PEAU DE VÉLIN.
ENVOI AUTOGRAPHE de l'auteur à G. MOREAU-CHASLON.

1575. SAINTE-BEUVE. Les Consolations, poésies (par Sainte-Beuve). *Paris, Urbain Canel; Levavasseur*, 1830, in-16, demi-rel. mar. bleu avec coins, tête dor. ébarbé. (*Pagnant.*)

ÉDITION ORIGINALE.

1576. — Les Consolations, poésies (par Sainte-Beuve). Deuxième édition. *Paris, Eugène Renduel*, 1835, in-8, demi-rel. mar. orange avec coins, dos orné, fil. tête dor. ébarbé. (*Amand.*)

PREMIÈRE ÉDITION de ce format.
Bel exemplaire relié sur brochure.

1577. SAINTE-BEUVE. Vie, poésies et pensées de Joseph Delorme (par Sainte-Beuve). *Paris, Delangle,* 1829, in-12, mar. La Vall. jans. dent. int. tr. dor. (*Capé.*)

ÉDITION ORIGINALE, rare.

1578. SAINTINE (X.-B.). Picciola. Eaux-fortes par Flameng. *Paris, Hetzel, s. d.* gr. in-8, 10 pl. mar. brun genre bradel, chiffre, tête dor. non rog.

1579. SAINT-MÔR (Guy de). Ça porte bonheur; illustré par Bac. *Paris, Monnier,* 1885, gr. in-8, fig. demi-rel. mar. bleu avec coins, dos orné, fil. tête dor. non rog. couverture illustrée.

Un des 12 exemplaires sur GRAND PAPIER DU JAPON (n° 3).

1580. — Péchés mortels. Illustrations de F. Bac, Destez, H. Y. Adrien Marie, Mars, Napoli, Rochegrosse, Roy, Scott. *Paris, Monnier,* 1884, in-8, fig. demi-rel. mar. brun avec coins, plats de cuir japonais, dos orné, fil. tête dor. non rog. couverture illustrée.

Un des 30 exemplaires sur GRAND PAPIER DU JAPON (n° 1), auquel on a ajouté les *fumés* du frontispice et de 17 figures, sur CHINE, et une LETTRE AUTOGRAPHE de l'auteur à son éditeur relative à la publication de cet ouvrage.

1581. SALON (Le) de Paris illustré, 1884. Texte par Jacques de Biez. — Le Salon de Paris illustré, 1885. Texte par Maurice Du Seigneur. *Paris, Lemonnyer,* 1884-85. — Ens. 2 vol. in-fol. nombr. photogravures en noir et en couleur, en feuilles dans des cartons.

Exemplaires sur PAPIER DU JAPON.

1582. SAND (George). Les Beaux Messieurs de Bois-Doré. Illustrations d'Adrien Moreau, gravées sur bois par Brauer, Froment, Hamel, Méaulle, Rousseau et Thomas.

Paris, Testard, 1892, 2 vol. gr. in-8, fig. br. couvertures illustrées.

Un des 50 exemplaires numérotés sur GRAND PAPIER VÉLIN A LA CUVE, tirés pour la *Librairie des Amateurs.*

On y a ajouté la suite des eaux-fortes d'Adrien Moreau, gravées par Boulard, Géry-Bichard et Vion, en triples épreuves AVANT LA LETTRE (noir, avec remarque, et bistre), et le *tirage à part* sur CHINE VOLANT de tous les bois du texte, dans deux cartons percaline grise.

1583. SCHOLL (Aurélien). Denise, historiette bourgeoise. *Paris, Ledoyen,* 1857, in-32, mar. r. dos orné, fil. milieu allégorique, dent. int. non rog. (*Hardy.*)

ÉDITION ORIGINALE, très rare.

Un des 20 exemplaires sur PAPIER DE HOLANDE, avec photographie de l'auteur ajoutée.

1584. SÉGALAS (Mme Anaïs). Les Oiseaux de passage, poésies. Seconde édition. *Paris, Moutardier,* 1837, in-8, front. 4 pl. sur acier et vign. sur bois, mar. r. à long grain, dos orné, fil. et larges comp. doublé et gardes de moire bleue, dent. tr. dor.

Bel exemplaire, recouvert d'une très fraîche reliure portant au centre des plats le chiffre couronné de HENRI D'ORLÉANS, DUC D'AUMALE.

1585. SEMIANE (Albert). Bagatelles. Trois eaux-fortes d'Avril. *Paris, Conquet,* 1884, in-16, pap. vergé de Hollande, front. et fig. demi-rel. mar. bleu avec coins, dos orné et mosaïqué de mar. orange, fil. tête dor. non rog. couverture. (*Champs.*)

Joli petit volume tiré seulement à 75 exemplaires numérotés (n° 32).

1586. SILVESTRE (Armand). La Plante enchantée, illustrée par A. Robida. *Paris, Librairie illustrée,* 1895, in-4, portr. fig. et vign. br. couverture illustrée.

Un des 50 exemplaires sur GRAND PAPIER DU JAPON (n° 17).

1587. — Poésies. 1866-1874. Les Amours ; la Vie ; l'Amour. *Paris, Charpentier,* 1875, in-12, mar. brun genre bradel, chiffre, tête dor. non rog.

ÉDITION ORIGINALE.

Exemplaire numéroté sur GRAND PAPIER DE HOLLANDE.

1588. SIMON (Jules). Mémoires des autres. Illustrations de Noël Saunier, gravées sur bois par Charpentié, Méaulle et Quesnel. *Paris, Testard,* 1890, in-12, br. couverture illustrée.

ÉDITION ORIGINALE.
Un des 50 exemplaires sur PAPIER DU JAPON (n° 31).

1589. SIMONS (Théod.). L'Espagne ; orné de 335 gravures et planches par Alexandre Wagner. Traduction par Marcel Lemercier. *Paris, Vanier,* 1884, in-fol. fig. et pl. sur bois, mar. brun genre bradel, chiffre, tête dor. non rog. couvertures.

Bel exemplaire, auquel on a ajouté DEUX AQUARELLES ORIGINALES d'HENRI REGNAULT représentant des vues d'Espagne.

1590. SIVRY (L. de). Rome et l'Italie méridionale. Promenades et pèlerinages suivis d'une description sommaire de la Sicile. *Paris, Belin-Leprieur, s. d.* (1843), gr. in-8, front. et pl. gr. sur acier, mar. grenat, dos orné, fers spéciaux et armoiries de Pie IX au centre des plats, dent. int. tr. dor.

Bel exemplaire.

1591. SOCIÉTÉ des Aquafortistes français. Album du Salon. 1886. *S. l. n. d.* (*Paris, Baschet,* 1886), in-fol. texte et 32 pl. en feuilles dans un carton perc. olive.

Exemplaire numéroté, sur GRAND PAPIER DU JAPON, avec les eaux-fortes AVANT LA LETTRE et *avec remarque.*

1592. SOMM (Henry). La Berline de l'Emigré, ou Jamais trop tard pour bien faire, comédie en 1 acte, représentée pour la première fois à Paris, au Chat Noir, le 25 décembre 1885. *Paris, au Chat Noir,* 1885, pet. in-8 de 32 pp. br. couverture.

On a ajouté à cet exemplaire HUIT DESSINS ORIGINAUX DE L'AUTEUR, relevés d'aquarelle, sur JAPON.

1593. SONNETS ET EAUX-FORTES. *Paris, Lemerre,* 1869, gr. in-4, 42 pl. gr. à l'eau-forte par Courtry, Doré, Gérôme, etc., en feuilles dans un carton.

Un des très rares exemplaires, sur GRAND PAPIER WHATMAN, non mis dans le commerce, avec les eaux-fortes AVANT LA LETTRE en double état: en noir sur CHINE et en bistre sur blanc.

1594. Soulary (Joséphin). Sonnets humouristiques. Nouvelle édition considérablement augmentée, précédée d'une préface en vers, par Jules Janin. *Lyon, Scheuring*, 1860, in-8, pap. vergé, portr. sur acier et fig. sur bois, mar. brun, dos orné, fil. et comp. à froid, dent. int. tr. dor. couverture. (*Bruyère.*)

Bel exemplaire aux armes de Don François d'Assise, roi d'Espagne.

1595. Soulié (Frédéric). Le Lion amoureux. Nouvelle édition illustrée de 19 vignettes dessinées par Sahib et gravées au burin sur acier par Nargeot, avec notice historique et littéraire par Ludovic Halévy. *Paris, Conquet*, 1882, in-18 carré, pap. de Hollande, fig. br. couverture illustrée.

Exemplaire avec le prospectus illustré ajouté.
Nom gratté au verso du faux-titre.

1596. STENDHAL (Henri Beyle). L'Abbesse de Castro, avec illustrations de Eugène Courboin. *Paris, publié pour les Sociétaires de l'Académie des Beaux livres*, 1890, gr. in-8, texte encadré, fig. à l'eau-forte, br. couverture illustrée, non rog.

Édition tirée à 160 exemplaires, non mis dans le commerce.
Exemplaire de M. Alfred Piat (n° 118).

1597. — La Chartreuse de Parme. Réimpression textuelle de l'édition originale, illustrée de 32 eaux-fortes par V. Foulquier. Préface de Francisque Sarcey. *Paris, Conquet*, 1883, 2 vol. in-8, front. vign. et culs-de-lampe à l'eau-forte, br. couverture.

Un des 350 exemplaires numérotés sur papier vélin à la cuve (n° 171), avec le prospectus illustré ajouté.

1598. — Le Rouge et le Noir. Réimpression textuelle de l'édition originale illustrée de 80 eaux-fortes par H. Dubouchet. Préface de Léon Chapron. *Paris, Conquet*, 1884, 3 vol. in-8, pap. vélin, portr. vign. et culs-de-lampe à l'eau-forte, br. couverture.

Un des 350 exemplaires numérotés sur papier vélin à la cuve (n° 171), avec le prospectus illustré ajouté.

1599. Stern (Mme la Ctesse d'Agoult, dite Daniel). Hervé; Julien. *Bruxelles, Hauman et Cie*, 1843, in-18, mar. violet, dos orné, fil. et comp. entrelacés, doublé et gardes de moire r. dent. tr. dor.

ÉDITION ORIGINALE.
ENVOI AUTOGRAPHE de l'auteur au poète Louis DE RONCHAUD.

1600. STERN (Mme d'Agoult, dite Daniel). Mes Souvenirs. 1806-1833. *Paris, Calmann-Lévy*, 1877, in-8, mar. r. dos orné, fil. dent. int. doublé et gardes de moire r. large dent. tr. dor. (*Loisellier.*)

Bel exemplaire sur GRAND PAPIER DE HOLLANDE.

1601. STORELLI (A.). Notice historique et chronologique sur les châteaux du Blaisois. *Paris, Baschet*, 1884, in-4, fig. 32 pl. gr. à l'eau-forte sur japon, et une carte, br. couverture.

1602. STRAUSS (Paul). Paris ignoré. 550 dessins inédits d'après nature. *Paris, Quantin, s. d.* gr. in-4; nombr. fig. et pl. cart. demi-perc. bleue avec coins, fers spéciaux, tête dor. ébarbé.

1603. SUE (Eugène). Le Juif-Errant. Édition illustrée par Gavarni. *Paris, Paulin*, 1845, 4 tomes en 2 vol. gr. in-8, fig. et pl. gr. sur bois et carte, demi-rel. mar. brun genre bradel, ébarbé.

Bel exemplaire du PREMIER TIRAGE.

1604. — Les Mystères de Paris. Nouvelle édition, revue par l'auteur. *Paris, Gosselin*, 1843-44, 4 parties en 2 vol. gr. in-8, fig. sur bois et pl. gr. sur acier et sur bois, demi-rel. mar. brun genre bradel, ébarbé.

Bel exemplaire du PREMIER TIRAGE.

1605. SULLY PRUDHOMME. Poésies (1865-1866 et 1866-1872). *Paris, Lemerre*, 1872, 2 vol. pet. in-12, pap. vélin, portr. gr. à l'eau-forte, mar. vert, dos orné, fil. et comp. à froid, angles et milieu dor. dent. int. tr. dor. (*Cuzin.*)

Première édition collective. De la *Petite Bibliothèque littéraire*.
Bel exemplaire.

1606. SWETCHINE (Madame). Lettres inédites publiées par le comte de Falloux. Deuxième édition. *Paris, Didier*, 1866, in-12, mar. r. fil. à froid, dent. int. tr. dor. (*Gruel.*)

Ex-libris JULES JANIN.

1607. THEURIET (André). Nos Oiseaux. Aquarelles de Hector Giacomelli. *Paris*, *Launette*, 1886, gr. in-4, fig. et pl. en couleur, br. couverture illustrée.

Premier tirage de ce magnifique ouvrage.
Un des 500 exemplaires numérotés sur papier vélin du Marais (n° 483).

1608. — Les Œillets de Kerlaz. Édition originale, illustrée de quatre eaux-fortes de Rudaux, de huit en-têtes et culs-de-lampe de Giacomelli, gravés par T. de Mare. *Paris*, *Conquet*, 1885, in-18 carré, pl. et vign. cart. bradel recouvert d'étoffe broché or et couleur, doublé et gardes de tabis rose et or, couverture illustrée non rog. (*Durvand-Thivet.*)

Un des 100 exemplaires numérotés sur papier du Japon (n° 34), avec les figures avant la lettre.

1609. — Sous Bois. Nouvelle édition, illustrée de 78 compositions de H. Giacomelli, gravées sur bois par Berveiller, Froment, Méaulle et Rouget. Préface de Jules Claretie. *Paris*, *L. Conquet et Charpentier*, 1883, in-8, fig. mar. brun genre bradel, chiffre, couverture illustrée en couleur, non rog.

Un des 150 exemplaires sur papier du Japon (n° 122), avec le prospectus illustré de l'ouvrage ajouté.

1610. — La Vie rustique. Compositions et dessins de Léon Lhermitte, gravures sur bois de Clément Bellenger. *Paris*, *Launette*, 1888, in-4, fig. et pl. br. couverture illustrée.

Exemplaire numéroté sur grand papier vélin avec les planches hors texte tirées sur papier de cuve teinté.

1611. — La Vie rustique. Compositions et dessins de Léon Lhermitte; gravures sur bois de Clément Bellenger. *Paris*, *Launette*, 1888, in-4, fig. et pl. demi-rel. mar. olive avec coins, fil. tête dor. non rog. couverture illustrée. (*Féchoz.*)

Exemplaire sur grand papier vélin blanc avec les planches hors texte tirées sur papier de cuve teinté.
Envoi autographe de l'auteur à M. Philippe Gille, à demi effacé.

1612. Tillier (Claude). Mon Oncle Benjamin. Nouvelle édition illustrée d'un portrait-frontispice et de 42 dessins de Sahib, gravés sur bois par Prunaire ; avec une préface par Monselet. *Paris*, *Conquet*, 1881, in-8, 2 vol. in-8, portr. et fig. br. couverture illustrée.

Un des 25 exemplaires numérotés sur GRAND PAPIER DE CHINE, avec le prospectus illustré de l'ouvrage ajouté.

1613. TYPES de Paris (Les). Texte par Edmond de Goncourt, Alphonse Daudet, Emile Zola, Henry Gréville, Guy de Maupassant, Paul Bourget... Dessins de Jean-François Raffaëlli. *Paris*, *Plon*, 1889, in-4, fig. noires et en couleur et pl. en héliogravure, cart. satin r. fers spéciaux or et couleur, tête dor. non rog.

1614. UCHARD (Mario). Mon Oncle Barbassou, orné de 40 compositions gravées à l'eau-forte par Paul Avril. *Paris*, *Lemonnyer*, 1884, gr. in-8. front. et fig. br. couverture.

Exemplaire numéroté sur GRAND PAPIER DE HOLLANDE.

1615. ULBACH (Louis). Amants et Maris. Illustrations de F. Bac. *Paris*, *Monnier*, 1886, gr. in-8, front. à l'eau-forte, fig. et pl. à la sanguine, demi-rel. mar. citron avec coins, dos orné et mosaïqué de mar. bleu, fil. tête dor. non rog. couverture illustrée. (*Ruban.*)

Un des 30 exemplaires sur GRAND PAPIER DU JAPON (n° 1), avec le frontispice en double état : noir et sanguine et tous les *fumés* sur CHINE VOLANT des illustrations de Bac ajoutés.

1616. — Amants et Maris. Illustrations par F. Bac. *Paris*, *Monnier*, 1886, in-8 carré, front. à l'eau-forte, fig. noires et à la sanguine, br. couverture illustrée.

Exemplaire auquel on a ajouté VINGT-DEUX DESSINS ORIGINAUX de F. BAC ayant servi à l'illustration du livre.

1617. — Gloriana, par Louis Ulback (*sic*). *Paris*, *Coquebert*, 1844, in-8, pap. vélin, mar. brun, fil. et comp. à froid, dent. int. tr. dor. (*Simier.*)

ÉDITION ORIGINALE.
Bel exemplaire de l'auteur avec son *ex-libris*.

1618. — Les Roués sans le savoir. *Paris*, *Hachette*, 1857, in-12, mar. r. dos orné, fil. et comp. à la Du Seuil, dent. int. tr. dor. (*Smeers.*)

ÉDITION ORIGINALE.
Exemplaire de l'auteur, avec son *ex-libris*.

1619. Ulbach (Louis) Suzanne Duchemin. 3me édition augmentée d'une étude littéraire et de plusieurs chapitres inédits. *Bruxelles, Librairie internationale*, 1856, 2 vol. pet. in-12, mar. violet, dos orné, fil. et comp. à petits fers, dent. int. tr. dor. (*Simier.*)

Première édition complète.
Exemplaire de l'auteur, avec son *ex-libris*.

1620. Uzanne (Octave). L'Art et l'Idée. Revue contemporaine du dilettantisme littéraire et de la curiosité. *Paris, Quantin*, 1892, 2 vol. gr. in-8, front. fig. et pl. demi-rel. mar. bleu avec coins, dos orné et mosaïqué de mar. brun, citron et blanc, fil. tête dor. non rog. (*Ruban.*)

Exemplaire d'Octave Uzanne, tiré sur papier du Japon, contenant :
1° QUATRE DESSINS ORIGINAUX de Giraldon pour la couverture.
2° Le DESSIN ORIGINAL de la marque devise de Carlos Schwabe.
3° Les couvertures du tome premier en 6 états différents et les couvertures de toutes les livraisons mensuelles conservées.

1621. — BOUQUINISTES ET BOUQUINEURS. Physiologie des Quais de Paris, du Pont Royal au Pont Sully. Illustrations d'Emile Mas; eau-forte frontispice de Manesse. *Paris, Quantin*, 1887, gr. in-8, mar. bleu genre bradel, mosaïque de mar. grenat, blanc, vert, orange, rose, etc. sur les plats représentant un étalage du quai, dent. int. non rog. (*Ch. Meunier.*)

Exemplaire de l'auteur, un des 75 tirés sur grand papier du Japon (n° xxii), revêtu d'une très curieuse reliure de Ch. Meunier.
M. Octave Uzanne voulant faire de ce volume un exemplaire unique y a ajouté :
1° Le DESSIN ORIGINAL d'un projet de couverture *refusé* et six états divers de ce projet.
2° Quatre pages manuscrites autographes de l'ouvrage.
3° SEIZE DESSINS ORIGINAUX d'Émile Mas, dont 8 *refusés*.
4° Le DESSIN ORIGINAL du frontispice de Favier et 3 épreuves diverses, de l'eau-forte de Manesse.
5° Cinq états divers du titre.
6° 3 portraits divers de l'auteur.
7° Les *fumés* de 9 vignettes.
8° Deux lettres autographes de Choppin d'Arnouville.
9° 15 pièces diverses : pages d'épreuves, ordonnance ancienne,

mémoire manuscrit de 1820 (?), photographies de bouquineurs, notice sur Malorey, etc.

M. Alfred Piat, auquel cet exemplaire a ensuite appartenu, l'a enrichi de TROIS AQUARELLES ORIGINALES représentant une vue de la Seine, une vue des quais près du Pont des Beaux-Arts et un bouquineur furetant dans des boîtes.

1622. UZANNE (Octave). Le Calendrier de Vénus. *Paris, Rouveyre*, 1880, in-8, front. gr. à l'eau-forte, br. couverture illustrée.

Exemplaire sur PAPIER DE HOLLANDE auquel on a ajouté un *fumé* de la couverture, sur CHINE tiré en bistre.

1623. — L'Éventail. Illustrations de Paul Avril. *Paris, Quantin*, 1882, gr. in-8, fig. en couleur, br. couverture illustrée, cartonnage artistique de satin bleu.

Un des 100 exemplaires numérotés sur GRAND PAPIER DU JAPON (n° 77), avec le mot *tard*, page 76, ligne 4.

1624. — L'Éventail. Illustrations de Paul Avril. *Paris, Quantin*, 1882, gr. in-8, fig. en couleur, br. couverture illustrée.

Exemplaire du PREMIER TIRAGE avec le mot « Fragonard » mais avec le mot *tard*, p. 76, auquel on a ajouté les DESSINS ORIGINAUX à la plume de 8 pages du texte.

1625. — L'Eventail. Illustrations de Paul Avril. *Paris, Quantin*, 1882, in-8, pl. en couleur, en feuilles.

SUITE DES TIRAGES A PART DES ILLUSTRATIONS DE PAUL AVRIL pour l'*Éventail*. Taches à une planche.

1626. — L'Eventail. Illustrations de Paul Avril. *Paris, Quantin*, 1882, in-8, pl. en couleur, en feuilles dans un carton artistique en satin bleu.

SUITE DES TIRAGES A PART, SUR PAPIER DU JAPON, des illustrations de Paul Avril.

1627. — L'ÉVENTAIL. Recueil des illustrations de Paul Avril. *Paris, Quantin*, 1882, environ 250 pièces en 1 vol. gr. in-8, cart. cuir japonais, milieu représentant un écran, non rog.

RECUEIL FORMÉ PAR L'AUTEUR LUI-MÊME, renfermant LES ESSAIS DIVERS D'ÉPREUVES et états de gravures et de couverture.

Tout ce qui a pu être conservé parmi les premiers tirages de ce livre : essais faits sur les presses, recherches de coloration, de teintes, d'encrages plus ou moins enveloppés, premières épreuves d'héliogravure, tirages sur papiers d'inégale force, curieuses séries de couvertures avec les étalons de couleurs, tout ce qui est ressorti de l'avant-mise en train a été réuni dans cet EXEMPLAIRE UNIQUE.

Ex-libris Octave Uzanne.

1628. Uzanne (Octave). La Française du siècle. La Femme et la mode, métamorphoses de la Parisienne de 1792 à 1892. Tableaux des mœurs et usages aux principales époques de notre ère républicaine. Édition illustrée de plus de 160 dessins inédits, par A. Lynch et E. Mas. Frontispice en couleur de Félicien Rops. *Paris, Quantin*, 1892, gr. in-8, front. et fig. br. couverture illustrée.

Un des 20 exemplaires numérotés sur grand papier de Chine, avec le frontispice en double état avant la lettre : noir et couleur.

1629. — La Française du siècle. Modes; mœurs ; usages. Illustrations à l'aquarelle de Albert Lynch, gravées à l'eau-forte en couleur, par Eugène Gaujean. *Paris, Quantin*, 1886, gr. in-8, front. pl. et vign. en couleur, demi-rel. mar. vert clair avec coins, dos orné, fil. tête peigne ébarbé, couverture illustrée.

1630. — Le Miroir du Monde, notes et sensations de la vie pittoresque. Illustrations en couleur d'après Paul Avril. *Paris, Quantin*, 1888, pet. in-4, pap. vél. de Hollande, pl. et vign. en couleur, br. couverture illustrée, dans un emboîtage artistique en cuir japonais.

1631. — Le Miroir du Monde, notes et sensations de la vie pittoresque. Illustrations en couleur d'après Paul Avril. *Paris, Quantin*, 1888, pet. in-4, pap. vél. de Hollande, pl. et vign. en couleur, préparé pour la rel. couverture illustrée, dans un emboîtage artistique en cuir japonais.

Curieux exemplaire auquel on a ajouté 106 *tirages à part* : épreuves d'artiste portant la signature autographe de Paul Avril, fumés sur Chine, essais de teintes, etc., etc.

1632. — L'Ombrelle, le Gant, le Manchon. Illustrations de Paul Avril. *Paris, Quantin*, 1883, gr. in-8, fig. cart. cuir japonais, non rog.

Fragments du manuscrit autographe de l'auteur (141 pp.) et épreuves d'essai des illustrations.

Ex-libris Octave Uzanne.

1633. Uzanne (Octave). L'Ombrelle, le Gant, le Manchon. Illustrations de Paul Avril. *Paris, Quantin*, 1883, gr. in-8, fig. en couleur, rel. artistique de moire r. avec ombrelle dor. sur le premier plat, couverture illustrée, dans un étui. (*Claessens.*)

Bel exemplaire non coupé du premier tirage.

1634. — L'Ombrelle, le Gant, le Manchon. Illustrations de Paul Avril. *Paris*, *Quantin*, 1883, in-8, fig. en couleur, br. couverture illustrée dans un cartonnage artistique en satin rose, avec attaches de satin r.

Exemplaire très frais du premier tirage auquel on a ajouté les DESSINS ORIGINAUX à la plume de 4 pages du texte.

1635. — L'Ombrelle, le Gant, le Manchon. Illustrations de Paul Avril. *Paris*, *Quantin*, 1883, gr. in-8, pl. en couleur, en feuilles, dans un cartonn. illustré.

Suite des tirages a part des illustrations de Paul Avril.

1636. — L'Ombrelle, le Gant, le Manchon. Recueil des illustrations de Paul Avril. *Paris*, *Quantin*. 1883, gr. in-8, 64 pl. cart. cuir japonais, non rog.

EXEMPLAIRE UNIQUE de M. Octave Uzanne, des épreuves en noir des illustrations en couleur du texte.
Ex-libris Octave Uzanne.

1637. — L'Ombrelle, le Gant, le Manchon. Recueil des illustrations de Paul Avril. *Paris*, *Quantin*, 1883, gr. in-8, 124 pl. en couleur montées sur onglets, cart. cuir japonais, non rog.

Importante réunion, faite par Octave Uzanne lui-même, de tous les tirages à part en différents états; la couverture seule se trouve en 17 états successifs.

Ce recueil correspond avec l'exemplaire factice de l'*Éventail* (voir le nº 1627).
Ex-libris Octave Uzanne.

1638. — Le Paroissien du Célibataire. Observations physiologiques et morales sur l'état du célibat. Illustrations de Albert Lynch, gravées à l'eau-forte par E. Gaujean. *Paris*, *Quantin*, 1890, in-8, front. et fig. br. couverture illustrée.

Un des 25 exemplaires numérotés sur grand papier de Chine, avec une note autographe d'Octave Uzanne, adressée à M. Piat, sur un f. de garde.

1639. UZANNE (Octave). Son Altesse la Femme. Illustrations de Henri Gervex, J. A. Gonzalès, Albert Lynch, Adrien Moreau et Félicien Rops. *Paris, Quantin*, 1885, in-8, pl. en couleur, vign. couverture illustrée, br. dans un cart. artistique avec larges attaches de satin bleu.

1640. — Son Altesse la Femme... *Paris, Quantin*, 1885, gr. in-8, pl. en couleur, br. couverture illustrée, dans un emboîtage artistique avec larges attaches de satin bleu.

1641. — Son Altesse la Femme... *Paris, Quantin*, 1885, gr. in-8, pl. en couleur, demi-rel. mar. r. avec coins, dos orné, fil. tête peigne, ébarbé, couverture illustrée conservée intacte.

1642. — Son Altesse la Femme... *Paris, Quantin*, 1885, gr. in-8, pl. en couleur, vign. couverture illustrée, br. dans un emboîtage artistique avec larges attaches de satin bleu.

Un des 100 exemplaires numérotés sur GRAND PAPIER DU JAPON (n° 60), avec une double suite des aquarelles : avec et AVANT LA LETTRE et le *tirage à part* des vignettes du texte en double état : noir et couleur.

1643. — Les Surprises du Cœur. *Paris, Rouveyre*, 1881, in-8, front. à l'eau-forte, mar. bleu clair avec comp. mosaïqués au centre des plats, doublé et gardes de soie olive, fil. int. tr. dor. non rog. couverture illustrée. (*Marius-Michel.*)

Un des 12 exemplaires numérotés sur GRAND PAPIER DU JAPON, revêtu d'une jolie reliure avec branches de muguet et d'églantine en mosaïque de maroquin rouge et blanc, au centre des plats.

1644. VACQUERIE (Auguste). Tragaldabas. Drame bouffon. *S. l. n. d.* pet. in-4, vélin moderne à recouvr.

COPIE MANUSCRITE de la main de POULET-MALASSIS, de cette pièce parue en feuilletons dans le journal l'*Évènement*, les 9, 10, 12, 13 et 14 août 1848.

Elle a été réimprimée depuis, mais avec des changements considérables.

On sait de quelle polémique cette pièce fut l'objet, et l'on n'a pas oublié que Hugo, Balzac, Th. Gautier et Champfleury comptèrent parmi ses plus chauds admirateurs.

1645. Vacquerie (Auguste). Tragaldabas, édition illustrée de 54 compositions de Édouard Zier, gravées par F. Méaulle. *Paris, Chamerot*, 1886, in-4, pap. vélin, portr. fig. et pl. sur bois, cart. cuir japonais, gardes de pap. doré historié, non rog. couverture.

Belle édition tirée à 600 exemplaires numérotés (n° 157).
Envoi autographe de l'auteur.

1646. Verlaine (Paul). Romances sans paroles. Ariettes oubliées; Paysages belges; Birds in the night; Aquarelles. *Paris, Vanier*, 1891, in-12, br. couverture.

JOLIE AQUARELLE ORIGINALE de Henry Somm sur le faux-titre.

1647. VÈRON (Eugène). La Troisième invasion. Eaux-fortes par M. Auguste Lançon. *Paris, Delagrave*, 1876, 2 vol. gr. in-fol. 154 pl. à l'eau-forte par Aug. Lançon, et 15 cartes, en feuilles, dans 2 cartons.

Un des 50 exemplaires numérotés sur grand papier de Hollande (n° 34), avec les eaux-fortes avant la lettre, sur Japon.

1648. Vétault (Alphonse). Charlemagne. Introduction par Léon Gautier. *Tours, Mame*, 1877, gr. in-8, fig. et pl. noires et en chromolith. carte en couleur et fac-similés, mar. r. dos orné, fil. dent. int. tr. dor.

Bel exemplaire, un des 120 numérotés sur grand papier vergé (n° 83).

1649. — Charlemagne. Introduction par Léon Gautier. *Tours, Mame*, 1877, gr. in-8, fig. et pl. noires et en chromolith. br. couverture.

Un des 21 exemplaires numérotés sur grand papier de Chine (n° 10).

1650. Veuillot (Louis). Jésus-Christ; avec une étude sur l'Art chrétien, par E. Cartier. *Paris, Firmin-Didot*, 1875, in-4, 180 fig. et 16 pl. en chromolithog. mar. r. dos orné, fil. et comp. dent. int. tête dor. ébarbé.

1651. Vie (La) élégante : Littérature, Voyages, Beaux-arts, Modes, Sport. *Paris, Librairie illustrée*, 1882-1883, 2 vol. gr. in-8, front. de Rops, fig. et pl. par Courboin, Mars,

Robida, etc. chag. brun genre bradel, chiffre, tête dor. non rog. couvertures.

Exemplaire sur GRAND PAPIER DE HOLLANDE, avec les planches hors-texte en double état, de la collection complète de cette Revue rédigée par Claretie, Halévy, Octave Uzanne, etc.

1652. VIEL-CASTEL (le comte Horace de). POÉSIES. *Paris, Impr. de J. Claye*, 1854, gr. in-8 de 3 ff. et 79 pp. demi-rel. chag. bleu, plats toile.

Curieux exemplaire, sur PAPIER DE HOLLANDE, illustré à presque toutes les pages de DESSINS à la plume ou à la sépia et d'AQUARELLES, formant en-têtes, fleurons et entourages, exécutés par H. DE TRIQUETTI, MOULIN, EUG. LAMI (?), HÉDOUIN, GIGOUX, ANASTASI, HUMBERT, IVON, T. FRAGONARD, et E. GIRAUD. La plupart de ces dessins et aquarelles sont signés.

1653. VIGNON (Mme Rouvier, dite Claude). Vingt jours en Espagne. *Paris, Monnier*, 1885, gr. in-8, 16 pl. demi-rel. mar. olive avec coins, dos orné, fil. tête dor. non rog. couverture illustrée.

Un des 30 exemplaires numérotés sur GRAND PAPIER DU JAPON (n° 10), auquel on a ajouté les *fumés* sur CHINE VOLANT de la couverture et des illustrations de cet ouvrage.

1654. VIGNY (Alfred de). Chatterton, drame. *Paris, Souverain*, 1835, in-8, front. cart. bradel perc. La Vall. non rog. (*Pierson*.)

ÉDITION ORIGINALE, rare, ornée d'un joli frontispice gravé à l'eau-forte par Edouard May.

Bel exemplaire de Ph. BURTY, auquel on a joint une LETTRE AUTOGRAPHE signée de SAINTE-BEUVE adressée à de VIGNY : *Je n'avais pas reçu* Chatterton, *mon cher ami; mais je l'ai voulu lire aussitôt et en méditer la préface... puisque vous me dites qu'il est chez vous, s'il n'est pas chez moi, je l'irai prendre à mon premier jour de congé et causer de ces intéressantes questions que votre parole sait si délicatement orner. Tout à vous d'amitié.* — Ste-BEUVE.

1655. — Cinq-Mars, ou une Conjuration sous Louis XIII. *Paris, Quantin*, 1889, 2 vol. gr. in-8, portr. et pl. gr. à l'eau-forte par Gaujean, d'après Dawant, vign. br. couvertures illustrées.

Un des 50 exemplaires numérotés sur GRAND PAPIER VÉLIN A LA CUVE, imprimés pour la *Librairie des Amateurs*, avec une triple suite des figures : avec la lettre sur vélin, AVANT LA LETTRE et EAUX-FORTES PURES sur JAPON, et le *tirage à part* des portraits des titres.

Exemplaire n° 17 tiré au nom de M. PIAT.

1656. Vigny (Alfred de). Les Destinées, poèmes philosophiques. *Paris, Michel Lévy*, 1864, in-8, portrait, mar. r. jans. dent. int. tête dor. non rog. couverture. (*Cuzin.*)

Édition originale.
Bel exemplaire de J. Noilly, avec sa couverture imprimée.

1657. — LA MARÉCHALE D'ANCRE. — In-folio, v. olive, dos et plats ornés de comp. à fr. fil. dor. dent. int. non rog. fermoirs. (*Duplanil.*)

MANUSCRIT AUTOGRAPHE, avec ratures et corrections, composé de 178 ff. dont le premier porte la dédicace autographe suivante à la célèbre tragédienne Marie Dorval :

A Madame Dorval.

Je n'ai que ce moyen de vous rendre ce drame qui fut écrit pour vous, Madame. Vous vouliez le jouer, mais vous n'êtes reine à votre théâtre que par le talent et ce n'est pas une royauté toute puissante que celle-là au temps où nous sommes.

Alfred de Vigny.

Le 15 août 1831.

D'après une note manuscrite, ce précieux volume aurait ensuite été donné par Marie Dorval à Frédérick Lemaitre.

1658. — Le More de Venise, Othello. Tragédie traduite de Shakspeare en vers français. *Paris, Levavasseur et Urbain Canel*, 1830, in-8, mar. tête de nègre, dos orné, fil. dent. int. tr. dor. non rog. (*Quinet.*)

Édition originale.
Bel exemplaire relié sur brochure, auquel on a ajouté une lettre autographe d'Alfred de Vigny.

1659. — Servitude et grandeur militaires. Dessins de H. Dupray, gravés à l'eau-forte par Daniel Mordant. *Paris, imprimé pour les Amis des livres, par A. Lahure*, 1885, gr. in-8, front. et pl. à l'eau-forte, br. couverture.

Édition tirée à 121 exemplaires numérotés sur papier du Japon (n° 101) avec les figures en double état : avant la lettre et EAUX-FORTES, et les *tirages à part* des vignettes du texte également en doubles épreuves.

1660. Villiers de l'Isle-Adam (Auguste). Premières Poésies, 1856-1858. *Lyon, Scheuring*, 1859, in-8, demi-rel. mar. gris, genre bradel, non rog. couverture.

Édition originale, rare, publiée par Villiers de l'Isle-Adam à l'âge de 19 ans.

1661. Vogüé (E. Melchior de). Le Portrait du Louvre, conte de Noël. Illustrations de M. le Comte de l'Aigle. *Paris, Launette*, 1889, in-4, texte autog. gr. et vign. en couleur, en feuilles dans un cartonnage en satin rose illustré.

Un des 25 exemplaires sur papier du Japon (n° 9).

1662. Willette. Le Pierrot. Directeur : A. Willette. Rédacteur en chef : Émile Goudeau. *Paris, 6 juillet* 1888 (origine) *au* 20 *mars* 1891, 51 nos en 1 vol. in-fol. fig. cart. bradel demi-perc. verte avec coins, ébarbé.

Collection complète de cet amusant journal orné de nombreuses et humoristiques illustrations par Willette; elle contient les deux numéros spéciaux renfermant les lithographies de cet artiste.

1663. Yriarte (Charles). Florence. L'Histoire; les Médicis; les Humanistes; les Lettres; les Arts. Orné de 500 gravures et planches. *Paris, Rothschild,* 1881, in-fol. fig. et pl. en feuilles, dans un carton.

Un des 20 exemplaires sur papier de Hollande.

1664. — Goya: sa biographie; les fresques; les toiles; les tapisseries; les eaux-fortes et le catalogue de l'œuvre avec 50 planches inédites, d'après les copies de Tabar, Bocourt et Ch. Yriarte. *Paris, Plon*, 1867, in-4, portr. et pl. br. couverture.

On a ajouté à cet exemplaire QUATRE DESSINS ORIGINAUX à la plume et au crayon de Goya (?)
Envoi autographe de l'auteur.

1665. — Un Condottiere au XVe siècle. Rimini; études sur les lettres et les arts à la cour des Malatesta d'après les papiers d'État des Archives d'Italie, avec 200 dessins d'après les monuments du temps. *Paris, Rothschild*, 1882, gr. in-8, portr. et fig. en feuilles, dans un carton perc. r.

Un des 100 exemplaires numérotés sur grand papier du Japon (n° 53).

1666. — Venise. Histoire; Art; Industrie; la Ville; la Vie. Ouvrage orné de 525 gravures dont 50 tirées hors texte et plusieurs en couleur. Deuxième édition. *Paris, Rothschild,* 1878, in-fol. fig. et pl. en feuilles, dans un carton.

1667. ZOLA (Émile). L'Argent. *Paris, Charpentier*, 1891, in-12, br. couverture.

ÉDITION ORIGINALE.
Exemplaire numéroté sur GRAND PAPIER DE HOLLANDE (nº 47).

1668. — La Bête humaine. *Paris, Charpentier,* 1890, in-12, br. couverture.

ÉDITION ORIGINALE.
Exemplaire numéroté sur GRAND PAPIER DE HOLLANDE (nº 67).

1669. — La Débâcle. *Paris, Charpentier*, 1892, in-12, cart. bradel demi-perc. r. avec coins, non rog. couverture.

ÉDITION ORIGINALE.
Exemplaire numéroté sur GRAND PAPIER DE HOLLANDE.

1670. — Le Docteur Pascal. *Paris, Charpentier*, 1893, in-12, tableau généal. br. couverture.

ÉDITION ORIGINALE.
Exemplaire numéroté sur GRAND PAPIER DE HOLLANDE.

1671. — La Joie de vivre. *Paris, Charpentier*, 1884, in-12, br. couverture.

ÉDITION ORIGINALE.
Exemplaire numéroté sur GRAND PAPIER DE HOLLANDE (nº 89).

1672. — Nana. Édition illustrée par André Gill, Bertall, G. Bellenger, Bigot, Clairin, etc. *Paris, Marpon et Flammarion,* 1882, gr. in-8, fig. demi-rel. mar. grenat avec coins, dos orné, fil. tête dor. non rog. couverture.

Un des 100 exemplaires numérotés sur PAPIER DE HOLLANDE (nº 93), avec toutes les figures en double état : avec et AVANT LA LETTRE sur CHINE volant, plus la figure de Bertall sur CHINE AVANT LA LETTRE.

1673. — Nouveaux contes à Ninon. Un Bain; les Fraises; le Grand Michu; les Épaules de la Marquise; Mon voisin Jacques; le Paradis des chats; Lili; le Forgeron; le Petit village; Souvenirs; les Quatre journées de Jean Gourdon. *Paris*, *Charpentier*, 1877, in-12, mar. bleu, dos orné, fil. fleurs mosaïquées de mar. r. aux angles, dent. int. tête dor. non rog. couverture. (*Marius Michel.*)

Très bel exemplaire.

1674. ZOLA (Émile). Nouveaux Contes à Ninon. 1 frontispice et 30 compositions dessinées et gravées à l'eau-forte par Ed. Rudaux. *Paris, Conquet*, 1886, 2 vol. in-8, front. et fig. br. couverture.

Un des 150 exemplaires numérotés sur GRAND PAPIER IMPÉRIAL DU JAPON (nº 122).

1675. — Nouveaux Contes à Ninon... *Paris, Conquet*, 1886, 2 vol. in-8, front. et fig. br. couvertures.

Un des 150 exemplaires numérotés, sur GRAND PAPIER IMPÉRIAL DU JAPON (nº 30), avec une double épreuve du portrait-frontispice et le *tirage à part* sur Japon des figures du texte.

1676. — Nouveaux Contes à Ninon... *Paris, Conquet*, 1886, 2 vol. in-8, front. et fig. cart. recouverts d'étoffe avec fleurs brodées en soie et or, doublé et gardes de papier doré historié, couverture, non rog. (*Durvand-Thivet.*)

Un des 150 exemplaires numérotés, sur GRAND PAPIER IMPÉRIAL DU JAPON (nº 29) avec les eaux-fortes en double état.

1677. — Pot-Bouille. *Paris, Charpentier*, 1882, in-12, br. couverture.

ÉDITION ORIGINALE.
Exemplaire numéroté, sur GRAND PAPIER DE HOLLANDE.

1678. — Pot-Bouille. *Paris, Charpentier*, 1882, in-12, br. couverture.

ÉDITION ORIGINALE.
Exemplaire numéroté, sur GRAND PAPIER DE HOLLANDE (nº 41).

1679. — La Terre. *Paris, Charpentier*, 1887, in-12, br. couverture.

ÉDITION ORIGINALE.
Exemplaire numéroté sur GRAND PAPIER DE HOLLANDE.

1680. — Les Trois Villes : Lourdes. *Paris, Charpentier*, 1894, in-12, br. couverture.

Exemplaire numéroté, sur GRAND PAPIER DE HOLLANDE.

DIVERS. — SUPPLÉMENT

1681. **Album** d'autographes, contenant en outre des Souvenirs de Napoléon Ier à Sainte-Hélène. — In-4, obl. velours cramoisi avec ornements en cuivre sur le dos et les plats, avec médaillons de vues en couleur aux angles, tr. dor.

Cet album renferme environ 25 AUTOGRAPHES, la plupart en vers, d'Edouard PLOUVIER, Bon TAYLOR, Hippolyte MONPOU, JASMIN (en patois), etc., etc. On y trouve en outre des morceaux de musique autographes et un dessin à la mine de plomb, mais ce qui en augmente l'intérêt, ce sont les SOUVENIRS DE NAPOLÉON Ier qu'on y a joint. Ces souvenirs, véritables reliques rapportées de Sainte-Hélène par l'abbé Coquereau, aumônier de la frégate La *Belle-Poule*, consistent dans les objets suivants : FRAGMENTS DU VIEUX SAULE ABATTU PRÈS DU TOMBEAU DE L'EMPEREUR, FRAGMENTS ET SCIURE DE BOIS DE SON CERCUEIL.

Cet album a appartenu à une dame *A. Ternant*, dont le nom figure sur un des plats de la reliure, laquelle est ornée aux angles de charmants petits médaillons où l'on voit des vues de Suisse (?) peintes en miniature, sous verre. Un des coins en cuivre, contenant un médaillon, manque.

1682. **Album** d'autographes, de dessins et de gravures. — In-4 obl. chag. noir, comp. dorés, tr. dor.

Album ayant appartenu à Mlle CLAIRE GALBY, artiste chorégraphique, qui fut *l'amie* de Méry; son nom se trouve gravé sur un des plats de la reliure. Il ne contient pas moins de 25 PIÈCES AUTOGRAPHES en vers de MÉRY dont une longue satire du *Récit de Théramène*, mais la plupart sont des vers élogieux ou amoureux adressés par le poète à son amie. On y trouve en outre une pièce en vers de EUG. DE PRADEL, une page de musique avec paroles de E. REYER, le tout autographe et signé; des dessins, des gravures en noir ou en couleur, etc.

1683. **ALBUM D'AUTOGRAPHES** des principaux écrivains de la période romantique. — In-4 obl. chag. brun, comp. dor. et à fr. tr. dor.

On trouve dans cet album 35 PIÈCES AUTOGRAPHES signées, la plupart en vers, de Alexandre Dumas père, Roger de Beauvoir, Paul de Kock, Th. Gautier, Casimir Delavigne, Méry, Paul Lacroix, Louise Colet, Anaïs Ségalas, Alphonse Karr, Eug. Scribe, Jules Favre. H. Monnier, Alexandre Dumas fils, Victor Hugo, etc. etc. Il contient en outre le portrait en pied du fameux peintre sur porcelaine ULYSSE, de Blois, FAIT A L'AQUARELLE PAR LUI-MÊME et accompagné d'une dédicace signée à son ami Ed. Landau. La plupart de ces autographes sont accompagnés de courtes notices biographiques et critiques manuscrites.

1684. ALBUM petit in-4, de papier blanc, recouvert d'une jolie reliure en veau moderne racine, avec compartiments estampés à fr. et en or, fermoir de cuivre doré, tr. r.

1685. — in-folio oblong de papier blanc et de couleur, recouvert d'une reliure genre Thouvenin en maroquin grenat à long grain, dos orné, riches comp. dor. et à fr. dent. int. tr. dor.

1686. ALMANACH Impérial pour 1862, présenté à Leurs Majestés. *Paris, Guyot*, 1862, fort. vol. gr. in-8, pap. vélin, mar. r. dos orné, large dent. doublé et gardes de moire verte, dent. tr. dor. (*Belz-Niedrée.*)

Exemplaire aux armes impériales et au chiffre de l'impératrice EUGÉNIE.

1687. BARILLET (J.). Les Pensées ; histoire, culture, multiplication, emploi. Ouvrage orné de nombreuses vignettes et de 25 chromolithographies exécutées d'après les spécimens de F. Lesemann... publié sous la direction de J. Rothschild. *Paris, Rothschild*, 1869, in-4, fig. et pl. en couleur, montées sur onglets, mar. brun genre bradel, chiffre, tête dor. non rog. couverture.

Bel ouvrage tiré à petit nombre.

1688. BEAUTIFUL Women. Celebrated portraits after Sir Joshua Reynolds, T. Gainsborough, Sir T. Lawrence, John Jackson, Gilbert Stuart Newton and Sir Edwin Landseer ; with an introduction and biographical notices. *London, Routledge*, 1870, gr. in-4, 16 portr. cart. perc. brune, fers spéciaux or et couleur, tr. dor.

Beaux portraits des plus jolies femmes de l'Angleterre.

1689. CANTIQUE (Le) des Cantiques, traduit de l'hébreux par Ernest Renan, avec 25 eaux-fortes d'Edmond Hédouin et d'Émile Boilvin, d'après les dessins de Bida. *Paris, Hachette*, 1886, in-fol. fig. et pl. à l'eau-forte sur Chine, en feuilles, dans un carton.

Exemplaire sur GRAND PAPIER VÉLIN.

1690. Catalogue des livres rares et précieux composant la bibliothèque de feu M. Jacques-Charles Brunet. Première partie. *Paris, Potier et A. Labitte*, 1868, in-8, mar. r. jans. dent. int. tête dor. (*R. Petit.*)

Un des rares exemplaires sur papier de Chine avec la Table alphabétique des noms d'auteurs et la liste des prix d'adjudication. La reliure porte aux angles des plats le chiffre de Gonzalès.

1691. — des livres de Madame Du Barry, avec les prix, à Versailles, 1771. Reproduction du catalogue manuscrit original avec des notes et une préface par P. L. Jacob (P. Lacroix). *Paris, Fontaine*, 1874, in-12, mar. r. dos orné, fil. dent. int. tr. dor. (*Bertrand.*)

Tiré à 100 exemplaires numérotés sur papier de Hollande (n° 98).

1692. — of the choicer portion of the magnificent library, formed by M. Guglielmo Libri. — Catalogue of the extraordinary collection of splendid manuscripts. — *London, Sotheby and Wilkinson*, 1859. — Ens. 2 vol. gr. in-8, pl. et fac-similés, mar. r. fil. dent. int. tr. dor. (*David.*)

Exemplaire avec les prix d'adjudication manuscrits.

1693. — des tableaux de feue Madame la Comtesse de Verruë dont la vente aura lieu le mercredi 27 mars 1737, dans son hôtel rue du Cherche-midy. *Paris*, 1737, pet. in-8 carré, portr. mar. r. fil. dent. int. tr. dor. (*Dupré.*)

Manuscrit exécuté pour le comte Clément de Ris, dont il porte la signature. — Il comprend en tout 1 f. pour le titre et 74 pp.

Le Catalogue des tableaux, très bien calligraphié en petites lettres rondes, n'y occupe que les pp. 45 à 74 ; on sait que ce catalogue n'existait qu'en manuscrits et qu'il n'a été imprimé qu'en 1857, dans le tome Ier du *Trésor de la curiosité*, de Charles Blanc.

Les pp. 1 à 43 contiennent le manuscrit de la Notice biographique, de M. Clément de Ris, sur la comtesse de Verrue, notice datée de 1863 et que l'auteur ne publia qu'en 1877, avec quelques variantes, dans son ouvrage : *les Amateurs d'autrefois*.

En tête du manuscrit on a placé le portrait, avec entourage, de Mme de Verrue, gravé à l'eau-forte par Gaucherel.

1694. Costumes de femmes. — In-8, mar. citron, fil. dent. int. non rog.

Recueil de 12 planches par Sophie Rouargue, publiées par Louis Janet, représentant des bustes de femmes en médaillons entourés de beaux encadrements variés, et offrant les transformations du costume féminin depuis François Ier jusqu'à nos jours.

1695. Douce (F.). The Dance of Death exhibited in elegant engravings on wood, with a dissertation on the several representations of that subject but more particulary on those ascribed to Macaber and Hans Holbein, by Francis Douce. *London, Pickering*, 1833, in-8, fig. et pl. sur bois, mar. brun, dos et plats ornés de riches comp. formés d'entrelacs, de feuillage et de fleurs, doublé de mar. violet, jolis comp. de fil. entrelacés, gardes de moire cerise, tr. dor. (*Rel. anglaise de Bosc.*)

Bel exemplaire, recouvert d'une riche reliure dont les plats extérieurs sont ornés de motifs dans le goût de ceux qui enrichissent les reliures exécutées pour Maioli et les plats intérieurs d'entrelacs dits à la Grolier.

1696. ÉVANGILES (Les) des Dimanches et fêtes de l'année, suivis des prières à la Sainte Vierge et aux Saints. Texte revu par M. l'abbé Delaunay. *Paris, Curmer*, 1864, 3 vol. in-4, dont un d'appendice, pl. en chromolith. mar. bleu, fil. à froid, doublé et gardes de moire grise, dent. tr. dor. (*Meuthey.*)

Exemplaire au chiffre couronné et mosaïqué de mar. r. de Marie-Christine de Bourbon, Reine d'Espagne.

Légères taches d'humidité au volume d'*Appendice*.

1697. FOUCQUET (Jehan). Heures de Maistre Estienne Chevalier. Texte restitué par M. l'abbé Delaunay. *Paris, Curmer*, 1866, 2 vol. in-4, pl. en chromolith. mar. r. dos orné, fil. dent. int. tr. dor. (*Raparlier.*)

Bel exemplaire de cette publication de luxe.

1698. Heures illustrées, par Ch. Mathieu, terminées par MM. Gsell et G. Regamey. *Paris, Bachelin-Deflorenne, s. d.* in-12 carré, texte encadré de bordures en or et en couleur et pl. en chromo, mar. r. jans. doublé de moire verte, gardes de même, dent. int. tr. dor.

Bel exemplaire monté sur onglets.

1699. Histoire (L') d'Esther, traduite de la Sainte Bible, par Lemaistre de Sacy. *Paris, Hachette*, 1882, gr. in-fol. texte encadré d'un fil. r. fig. et pl. gr. à l'eau-forte d'après Bida, en feuilles, dans un carton.

Exemplaire sur papier Whatman avec les eaux-fortes avant la lettre, imprimé pour Alexandre Bida, illustrateur de cette édition.

1700. Histoire (L') de Joseph, traduite de la Sainte Bible, par Lemaistre de Sacy. *Paris, Hachette*, 1878, gr. in-fol. pap. vélin, texte encadré d'un fil. r. pl. gr. à l'eau-forte d'après Bida, vign. et culs-de-lampe, cart. perc. r. fers spéciaux, non rog.

1701. — de Tobie, traduite de la Sainte Bible, par Lemaistre de Sacy. *Paris, Hachette*, 1880, gr. in-fol. texte encadré d'un fil. r. fig. et pl. gr. à l'eau-forte, d'après Bida, en feuilles, dans un carton.

Exemplaire sur papier Whatman avec les figures avant la lettre, imprimé pour Alexandre Bida, illustrateur de cette édition.

1702. Imitation (L') de Jésus-Christ; traduction nouvelle de M. l'abbé Dassance... illustrée par MM. Tony Johannot et Cavelier. *Paris, Curmer*, 1836, gr. in-8, texte encadré de bordures sur bois. front. en couleur et pl. gr. sur acier, mar. bleu à long grain, dos orné, dent. et comp. sur les plats, dent. int. tr. dor. (*Rel. de l'époque.*)

Premier tirage.

1703. — de Jésus-Christ, traduite d'après un manuscrit de 1440 par l'abbé Delaunay. Édition nouvelle, augmentée d'une nouvelle préface. *Paris, Tross*, 1869, in-8, pap. vélin, fig. mar. bleu, dos orné, fil. dent. int. tr. dor. (*Petit-Simier.*)

Bel exemplaire de cette jolie édition ornée de nombreuses figures sur bois et d'encadrements genre Simon Vostre, Pigouchet, Kerver, etc.

1704. — de Jésus-Christ; traduction de Michel de Marillac. Compositions par J.-P. Laurens, gravées à l'eau-forte par Léopold Flameng. *Paris, Quantin*, 1878, in-8, texte encadré d'un fil. r. 10 pl. à l'eau-forte, mar. r. jans. dent. int. tr. dor. (*Masson-Debonnelle.*)

Tiré à petit nombre sur papier Turkey-Mill.
Bel exemplaire.

1705. Livre d'Art de la Reine Hortense. Une visite à Augsbourg, esquisse biographique, lettres, dessins et musique. *Paris, Heugel, s. d.* in-4, obl. texte encadré d'un encadrement doré, pl. lithog. d'après les peintures de la reine Hortense, chromolithog. et musique notée, velours vert, ornements, armoiries de la Reine et fermoirs en métal doré, tr. dor. et ciselée.

1706. Livre de visites du Prince Murat. — In-4, chag. brun.

Ce *Livre de visites*, commencé vers 1866, s'arrête en 1873. Les 61 premiers ff. contiennent plus de 2000 signatures des personnages les plus marquants des dernières années de l'Empire : Ministres, Ambassadeurs, Maréchaux, Amiraux, Généraux, Sénateurs, Députés, Fonctionnaires, Savants, Écrivains, etc., etc. Les noms sont généralement accompagnés des dignités, titres ou fonctions.

Les trois quarts environ des ff. du volume sont restés blancs. La reliure porte sur le premier plat le chiffre couronné du Prince Murat et la date de 1866, frappés à froid.

1707. — LIVRE D'HEURES DE LA REINE ANNE DE BRETAGNE. Traduction par M. l'abbé Delaunay. *Paris, Curmer*, 1841, 2 vol. gr. in-4, encadrements et pl. en couleur, mar. r. armes en mosaïque, chiffre de la reine aux angles des plats, dent. int. doublé et gardes de moire verte, tr. dor. étuis.

Le premier volume est la reproduction exacte du riche manuscrit des Heures de la reine Anne; le second contenant la traduction et les notes est en demi-rel. mar. r. avec coins, tête dor.

Bel exemplaire, monté sur onglets, avec les armes de la reine Anne exécutées en mosaïque sur les plats de la reliure du premier volume.

1708. — Livre d'Heures avec un choix d'autres prières, par Mgr Mislin. Ouvrage orné de 24 miniatures du XIVe et du XVe siècle et de riches encadrements de la même époque. *Vienne, Reiss, s. d.* in-8, texte encadré, front. et pl. en chromolith. mar. bleu, jans. dent. int. tr. dor.

Belle publication éditée avec luxe.

1709. Martin (L. Aimé). Éducation des mères de famille, ou de la Civilisation du genre humain par les femmes. Cinquième édition. *Paris, Charpentier*, 1847, 2 vol. in-12, mar. r. dos orné, fil. dent. int. tr. dor. (*Petit, successeur de Simier.*)

1710. Napoléon III. Histoire de Jules César (par l'Empereur Napoléon III). *Paris, Plon*, 1865-66, 2 vol. gr. in-8 de texte et 1 atlas in-fol. de cartes et plans gr. et montés sur onglets, mar. vert, dos orné, fil. doublé et gardes de moire cerise, dent. tr. dor. (*Capé.*)

Exemplaire au chiffre de Fergus Macdonald, DUC DE TARENTE, avec un ENVOI AUTOGRAPHE de l'Empereur NAPOLÉON III.

Le tome II et l'atlas sont en demi-rel. mar. vert avec coins, dos orné, fil. tête dor. ébarbé.

1711. PANNIER-LAFONTAINE. Système financier. Exposé sommaire des combinaisons financières et détails précis des causes qui en ont empêché la publication depuis le 2 avril 1853. *Saint-Denis, Drouard*, 1855, in-4 de 22 pp. pap. vélin, chag. vert, dos orné à petit fers, fil. tr. dor. (*Capé.*)

Exemplaire aux armes de l'Impératrice EUGÉNIE, avec un hommage AUTOGRAPHE de l'auteur.

1712. PETITOT. LES ÉMAUX DU MUSÉE IMPÉRIAL DU LOUVRE. Portraits de personnages historiques et de femmes célèbres du siècle de Louis XIV gravés au burin par M. L. Ceroni. *Paris, Blaisot*, 1862-64, 2 vol. in-4, 50 portr. mar. r. dos orné, fil. et comp. à la Du Seuil, dent. int. tr. dor. (*Bertrand.*)

Bel exemplaire avec les portraits AVANT LA LETTRE, sur CHINE.

1713. PRIÈRES en latin. — Pet. in-4, mar. vert, fil. dent. int. tr. dor. (*Lesort.*)

MANUSCRIT contemporain comprenant 16 ff. sur VÉLIN, et dont quelques pages sont décorées de grandes lettres majuscules et d'encadrements EN OR ET COULEURS à l'imitation des anciens manuscrits. Le texte est écrit en caractères gothiques ; l'ornementation de plusieurs ff. est restée inachevée.

1714. ROCHAS (Albert de). Le Livre de Demain. *Blois, Raoul Marchand*, 1884, in-8, fig. en feuilles dans un carton.

Très curieuse publication imprimée avec des encres et sur des papiers de diverses couleurs et enrichie de planches à l'eau-forte, de phototypies, etc. d'ornements, encadrements et majuscules également de couleurs differentes, le tout approprié aux sujets traités.

Tiré à 250 exemplaires numérotés (n° 176).

1715. ROTHSCHILD (le baron James de). De la Naturalisation sous la loi du 3 décembre 1849 et des modifications introduites par la loi du 29 juin 1867. *Paris*, *Marescq aîné*, 1867, in-8, mar. r. jans. dent. int. tr. dor. couverture. (*Thibaron.*)

Tiré à petit nombre.
ENVOI AUTOGRAPHE de l'auteur à G. MOREAU-CHASLON.

1716. SAINT-BONNET (B.). De la Douleur, précédés des Temps présents. *Paris et Lyon*, 1849, in-12, mar. La Vall. fil. à froid et comp. dor. dent. int. tr. r.

Exemplaire sur PAPIER CHAMOIS auquel on a ajouté 45 figures de Chasselat, Delacroix, Desenne, Devéria, Girardet, Tony Johannot, etc. gr. sur acier et à l'eau-forte, dont plusieurs AVANT LA LETTRE ou sur CHINE.

1717. SILHOUETTES ET PORTRAITS (en vers), par Théodore Agrippa d'Aubigné et un autre (Léon Curmer). *Paris*, 1863, in-16, mar. r. jans. doublé de mar. vert, riches comp. dorés à petits fers et au pointillé, chiffre et armes de L. Curmer, étui en chag. r. (*Hardy-Mennil, dorure de Marius Michel.*)

CHARMANT MANUSCRIT très habilement calligraphié et orné d'environ SOIXANTE JOLIES AQUARELLES, d'un titre avec encadrement et ornements en or et couleur, d'un portrait photographié de Curmer, d'une eau-forte de Meissonnier, de titres et d'ornements divers en or et en couleur, etc. Vingt-trois aquarelles sont à pleine page et ont été exécutées par MEISSONNIER (*l'Amateur de bouquins*), le comte de VIEL CASTEL (1), TONY JOHANNOT (1), ROGIER (1), FLAMENG (4), PAUQUET (15); les autres aquarelles, placées soit au commencement, soit à la fin des pièces, sont de GOSSEY.

Ce recueil renferme 17 pièces de poésie dont voici les titres: *Prologue; le Mignon; Quinze ans; Pomponette; le Marchand retiré; le Pensionnaire de la Liste civile; l'Amateur de bouquins; la Jeune mère; un Marquis; l'Ivrogne; la Lorette à grandes guides; l'Avocat; la Comtesse; le Garde National; la Femme de quarante ans; les Bâtards; Epilogue.* Les deux premières pièces seules sont de Th. Agrippa d'Aubigné, les autres sont de Léon Curmer. — L'avant-dernière pièce, *les Bâtards*, est suivie, sous le titre d'*Exemples*, de divers morceaux manuscrits en prose et d'articles découpés dans les journaux comprenant des récits de jeunes filles séduites.
Hauteur : 141 mill.

1718. STATUTS de l'Ordre du Saint-Esprit au Droit désir ou du Nœud institué à Naples en 1352, par Louis d'Anjou, premier du nom, Roi de Jérusalem, de Naples et de Sicile. Manuscrit du XVIe siècle conservé au Louvre dans le Musée des Souverains français, avec une notice sur la peinture des miniatures et la description du manuscrit par le comte Horace de Viel-Castel. *Paris, Engelmann et Graf*, 1853, in-fol. de 43 pp. de texte et 17 pl. en chromolith. montées sur onglets cart. bradel, demi-perc. grise avec coins, tête dor. ébarbé.

1719. STATUTS de l'Ordre du Saint-Esprit au Droit desir... *Paris, Engelmann et Graf*, 1853, in-fol. planches en chromolithographie or et couleur, titre sur fond teinté, mar. brun, comp. à froid semés de fleurs de lis dorées et de blasons en mosaïque de mar. r. et blanc, tr. r. fleurdelisée. (*Gruel.*)

Bel exemplaire.

1720. THIEURY (Jules). La Lettre de change ; son origine ; documents historiques. *Paris, Aubry*, 1862, in-12, pap. vélin, mar. r. dos orné, fil. et angles dor. dent. int. doublés et gardes de moire jaune, tr. dor. (*Raparlier.*)

EXEMPLAIRE DE DÉDICACE, aux armes du Prince GUILLAUME-CHARLES-FRÉDÉRIC des Pays-Bas.

1721. VECELLIO (Cesare). Costumes anciens et modernes. Habiti antichi et moderni di tutto il mondo; précédés d'un essai sur la gravure sur bois, par M. Amb. Firmin-Didot. *Paris, Firmin-Didot*, 1859-1860, 2 vol. in-8, texte encadré, fig. sur bois, mar. r. dos orné, fil. et comp. à la Du Seuil, encadr. int. de mar. avec dent. tr. dor.

Bel exemplaire avec les FIGURES COLORIÉES.

1722. — Costumes anciens et modernes... 2 vol. in-8, texte encadré, fig. sur bois, mar. r. dos orné de feuillage, fil. dent. int. tête dor. non rog. couverture. (*De Courmont.*)

Un des rares exemplaires sur PAPIER DE CHINE.

1723. VIE (La) et les Mystères de la bienheureuse Vierge Marie, mère de Dieu. *Paris, Charpentier, s. d.* in-fol. pl. en chromolith. montées sur onglets, chag. r. fers spéciaux or et argent, tr. dor. étui-boîte.

1724. BEAUTÉS (Les) de l'Opéra, ou Chefs-d'œuvre lyriques, illustrés par les premiers artistes de Paris et de Londres sous la direction de Giraldon, avec un texte explicatif rédigé par Théophile Gautier, Jules Janin et Philarète Chasles. *Paris, Soulié*, 1845, 10 livraisons en 9 fascicules in-4, texte encadré, fig. sur bois dans le texte et 10 portraits hors texte gr. sur acier, br. couvertures.

Ouvrage rare, édité avec un grand luxe typographique, et dont chaque page est entourée d'un encadrement différent de dessin et de couleur.

1725. Cellini. La Vie de Benvenuto Cellini écrite par lui-même. Traduction Léopold Leclanché; notes et index de M. Franco. Illustrée de neuf eaux-fortes par F. Laguillermie et de reproductions des œuvres du maître. *Paris, Quantin*, 1881, gr. in-8, pap. de Hollande, portr. et pl. gr. à l'eau-forte, fig. en or et en argent dans le texte, br. couverture illustrée.

On a ajouté à cet exemplaire la suite des 9 eaux-fortes de Laguillermie AVANT TOUTE LETTRE sur JAPON et les 15 en-têtes et culs-de-lampe, reproduisant en or, argent et bronze les principales œuvres de Cellini, *tirés à part* sur JAPON. Ces deux suites, les seules des *premières épreuves*, ont été publiées par *Conquet* pour cette édition.

1726. DUMAS père (Alexandre). La Conscience, drame. — In-fol. cart. bradel demi-perc. verte, non rog. (*Lemardeley.*)

Manuscrit autographe composé de 20 ff. renfermant les vingt-huit premières scènes de ce drame (tableaux I et II).

1727. — Les Grands Hommes en robe de chambre. Louis XIII et Richelieu. — In-fol. cart. bradel demi-perc. verte, non rog. (*Lemardeley.*)

Manuscrit autographe des douze derniers chapitres du tome II et des cinq premiers du tome III.

Il se compose de 87 ff. avec ratures et corrections, écrits au recto seulement.

1728. — L'Ingénue. — In-fol. cart. bradel demi-perc. verte, non rog. (*Lemardeley.*)

Manuscrit autographe des trois dernier chapitres de la première partie de ce roman : *Le Blessé et son chirurgien; La Consultation; Où Danton commence à croire que le roman du jeune Potoski.....*

Ce manuscrit se compose de 21 ff. écrits au recto seulement.

1729. DUMAS père (Alexandre). MES MÉMOIRES. — In-fol. cart. bradel demi-perc. verte, non rog. (*Lemardeley.*)

Intéressant fragment du MANUSCRIT AUTOGRAPHE de ces Mémoires, renfermant les chapitres relatifs à l'histoire de la première représention de *Henri III et sa Cour*. — Il se compose de 36 ff. avec quelques ratures et corrections, écrits au recto seulement.

1730. — Mon Oreille comme article de censure. — Deuxième correspondance. — Gr. in-fol. cart. et en feuilles.

MANUSCRITS AUTOGRAPHES, composés chacun de 8 ff. écrits au recto seulement. — Le premier renferme un très curieux article écrit avec beaucoup de verve.

1731. MÉRY. LA GUERRE DU NIZAM. — Gr. in-fol. demi-rel. chag. violet, plats toile, dos orné, fil. et comp. non rog.

MANUSCRIT AUTOGRAPHE, avec ratures et corrections, composé de 347 ff. écrits au recto seulement.

On y a ajouté l'intéressante LETTRE AUTOGRAPHE suivante de VICTOR HUGO (1 p. in-8) : « *Immense talent, immense intérêt, immense succès, voilà, cher Méry, votre* Guerre du Nizam *en trois mots. Je suis si heureux et si fier, moi votre ami, de cette publication triomphante, que je ne puis me résigner à attendre qu'elle soit finie pour vous écrire toute mon admiration et toute ma joie.*

« *Vous savez comme je suis à vous* de todo el corazon.

« VICTOR H. »

11 septembre (1847).

1732. — HÉVA. — Gr. in-fol. demi-rel. chag. vert, dos orné, plats toile, non rog.

MANUSCRIT AUTOGRAPHE, avec ratures et corrections, composé de 160 ff. écrits au recto seulement.

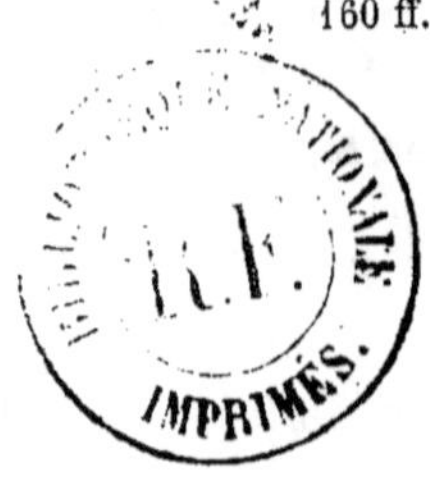

N° 843

Paris. — Typ. Chamerot et Renouard, 19, rue des Saints-Pères. — 36046.

Sous Presse

CATALOGUE

DE LA

BIBLIOTHÈQUE

DE FEU

M. ALFRED PIAT

ANCIEN NOTAIRE A PARIS

TROISIÈME PARTIE

LIVRES DANS TOUS LES GENRES
ANCIENS ET MODERNES
MANUSCRITS ET IMPRIMÉS

(*5 500 Numéros*)

Vente du 28 Mars au 30 Avril 1898

(SALLES SILVESTRE)

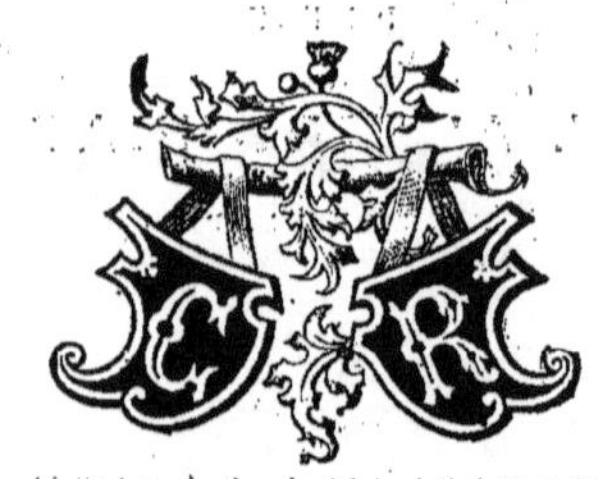